Heinrich Hemme
Die Relativitätstheorie

Heinrich Hemme

Die Relativitätstheorie

Einstein mal einfach

Mit 33 Illustrationen von
Matthias Schwoerer

Anaconda

Die Originalausgabe erschien 1999 im Weltbild Buchverlag, Augsburg, unter dem Titel *Die Relativitätstheorie. Einstein relativ einfach*. Textgrundlage dieser Ausgabe ist die 5., korrigierte Auflage 2005.

Die Deutsche Nationalbibliothek verzeichnet diese Publikation in der Deutschen Nationalbibliografie; detaillierte bibliografische Daten sind im Internet unter http://dnb.d-nb.de abrufbar.

© 2008 Anaconda Verlag GmbH, Köln
Alle Rechte vorbehalten.
Umschlagmotiv: Chris Gollon, »Einstein« (2004) / Private Collection,
Courtesy of IAP Fine Art / bridgemanart.com
Umschlaggestaltung: dyadesign, Düsseldorf, www.dya.de
Satz und Layout: GEM mbH, Ratingen
Printed in Czech Republic 2008
ISBN 978-3-86647-266-2
info@anaconda-verlag.de

Inhaltsverzeichnis

Einleitung

Zu allen Zeiten und in allen Ländern haben sich die Menschen immer wieder die Frage gestellt: Wie sieht die Welt als Ganzes aus? Die ersten Antworten, die wir kennen, sind mehrere tausend Jahre alt und stammen von den Ägyptern und den Sumerern. Nach ihrer Vorstellung sollte die Erde eine flache Scheibe sein, die vom Meer umspült wird und über die sich als riesige Kuppel der Himmel wölbt. Dieses einfache Weltbild, das auch fast alle anderen Kulturen in ähnlicher Form kannten, hat nach und nach drastische Veränderungen erfahren.

Griechische Wissenschaftler entdeckten vor über 2000 Jahren, dass die Erde keine Scheibe sein kann. Ihren Überlegungen gemäß ist sie eine ruhende Kugel, die das Zentrum des Universums bildet, und der Mond, die Sonne und die Planeten umkreisen sie. Alles zusammen wird umschlossen von einer Hohlkugel, auf deren Innenseite die Sterne befestigt sind.

Dieses Weltbild der Griechen konnte sich lange Zeit behaupten. Erst am Anfang des 16. Jahrhunderts erfuhr es wieder eine größere Änderung. Nikolaus Kopernikus behauptete, nicht die Erde sei das Zentrum des Universums, sondern die Sonne. Seiner Ansicht nach dreht sich der Mond zwar weiterhin um die Erde, aber die Erde selbst samt Mond umkreist die nun ruhende Sonne. Auch die anderen Planeten laufen nicht mehr um die Erde, sondern um die Sonne. Weiterhin aber wird das ganze Weltall von einer Kristallkugel umschlossen, die die Sterne trägt.

Der italienische Mönch Giordano Bruno riss schließlich am Ende des 16. Jahrhunderts auch noch die kristallene Außenhülle des Universums fort. Er glaubte, alle Sterne seien Sonnen. Damit ist selbst unsere Sonne nicht mehr das Zentrum der Welt.

Heute weiß man, dass die Sonne nur irgendein unbedeutender Stern ist unter Abermilliarden von anderen Sternen. Sie ist weder besonders groß noch besonders klein; sie ist weder im Zentrum des Universums noch am äußeren Rand.

Bei allen Veränderungen, die das Weltbild der Menschen im Laufe der Jahrtausende erfahren hat, blieben die Vorstellungen von Raum und Zeit ziemlich unangetastet. Zwar wurde das Universum in den verschiedenen Weltbildern immer größer, von vielleicht einigen tausend Kilometern Durchmesser bei den alten Ägyptern bis hin zu 300 Trilliarden Kilometer in der heutigen Vorstellung. (300 Trilliarden ist eine 3 mit 23 Nullen.) Auch verlängerte sich die Zeit, die seit der Schaffung der Welt verstrichen ist, von rund 6000 Jahren nach dem Alten Testament auf etwa 15 Milliarden Jahre nach den Berechnungen der Kosmologen von heute. Was Raum und Zeit jedoch eigentlich sein sollten, daran hatte sich seit der Zeit der Sumerer bis zum Ende des 19. Jahrhunderts nichts geändert.

Raum und Zeit sind nach dieser Vorstellung völlig unabhängig vom Rest der Welt. Nähme man aus dem Universum alles heraus – jedes Lebewesen, jeden Stern, jeden Planeten, alles Licht –, so bliebe immer noch ein leerer Weltraum übrig, ähnlich einem Zimmer, das sich nicht einfach in nichts auflöst, wenn man es ausgeräumt hat. Die Zeit verstreicht überall im Universum vollkommen gleichmäßig. Selbst wenn man das Universum leer räumen oder sogar ganz beseitigen würde, hätte dies keinen Einfluss auf die Zeit. Im Jahre 1905 erkannte schließlich Albert Einstein, dass diese einfachen und uralten Ansichten von Raum und Zeit falsch sind. Er ersetzte sie in seiner Relativitätstheorie durch ganz neue Vorstellungen. Raum und Zeit verhalten sich nun nach Einsteins Erkenntnissen völlig anders, als man es jahrtausendelang angenommen hatte.

Es ist für den menschlichen Verstand schwer, sich Einsteins Ideen von Raum und Zeit vorzustellen. Der Chemiker und erste Staatspräsident Israels, Chaim Weizmann, schrieb über eine Transatlantik-Schiffsreise, die er gemeinsam mit Einstein gemacht hatte: »Einstein erklärte mir jeden Tag seine Theorie, und bei unserer Ankunft war ich schließlich überzeugt, dass zumindest er sie verstand.« Diese Bemerkung sollte Sie nicht abschrecken. Mit nicht allzu großer Mühe können Sie Einsteins Theorie kennen lernen und verstehen. Dieses Buch hilft Ihnen dabei. Es führt Sie Schritt für Schritt durch die Spezielle Relativitätstheorie. Sie lernen die historische Entwicklung kennen, die wichtigsten Menschen, die daran gearbeitet haben, die neuen Ideen über Raum, Zeit, Masse und Energie und auch einige technische Anwendungen, die aus ihr folgen.

Physiker beschreiben die Natur mit Hilfe der Mathematik. Einstein sagte einmal, wissenschaftliche Erkenntnisse sollten für die breite Öffentlichkeit so einfach wie möglich dargestellt werden, aber nicht noch einfacher. Diesem Grundsatz folgt auch dieses Buch.

Deshalb verzichtet es auch nicht ganz auf mathematische Formeln. Doch um sie zu verstehen, benötigen Sie nicht viel mehr als die vier Grundrechenarten und Ihren gesunden Menschenverstand.

Längere mathematische Umformungen sind zwischen graue Balken gesetzt worden. Wenn Sie nicht jeden Rechenschritt nachvollziehen wollen und das Ergebnis auch glauben, ohne es selbst überprüft zu haben, können Sie sie beim Lesen einfach überspringen.

Um eine Richtung, ihre Gegenrichtung und die Richtungen quer dazu möglichst einfach angeben zu können, werden in diesem Buch immer die vier Himmelsrichtungen Norden, Süden, Osten und Westen benutzt –, auch im Weltall, wo sie eigentlich keine Bedeutung haben.

Absolut und relativ

Eines Tages fanden die Bewohner des Landes Liliput am Strand einen schlafenden Riesen. Er war mindestens zehnmal so groß wie sie. Sie hatten Angst, er würde ihr Land zerstören, und fesselten ihn, solange er noch schlief.

Als der »Riese«, der Lemuel Gulliver hieß, wach wurde, merkte er voller Entsetzen, dass er gefesselt war, und sah über vierzig winzige Zwerge auf seiner Brust herumlaufen, die höchstens ein Zehntel seiner Größe hatten. Gulliver konnte sich befreien und die Liliputaner von seiner friedlichen Absicht überzeugen. Er lebte über zwei Jahre bei ihnen, bevor er ihr Land wieder verließ.

Während einer Reise nach Indien wurde Gulliver auf die Insel Brobdingnag verschlagen, deren Bewohner turmhohe Riesen waren. Gulliver versteckte sich zwischen zwei hohen Erdwällen, als einer dieser Riesen auf ihn zukam. Ein Brobdingnager Schnitter fand in der Ackerfurche ein winziges Geschöpf, das aussah und gekleidet war wie ein Mensch. Er nahm es vorsichtig zwischen Daumen und Zeigefinger hoch, um es genauer betrachten zu können.

Die Erlebnisse des Arztes Lemuel Gulliver aus Jonathan Swifts Roman »Gullivers Reisen« führen uns deutlich vor Augen, dass man die Größe eines Objektes nur beurteilen kann, indem man es mit einem anderen Objekt vergleicht. Für die Liliputaner, die Gullivers Größe mit ihrer eigenen verglichen, war er ein

Riese und für die Brobdingnager aus dem gleichen Grund ein Zwerg.

Bei Vergleichen von zwei Menschen machen wir häufig von dieser Art der Größenangabe Gebrauch: David ist halb so groß wie Goliath, oder Obelix ist doppelt so groß wie Asterix. Dies sind relative Größenangaben: Die Größe von David wird verglichen mit der Größe von Goliath. Wir erfahren nichts über Davids tatsächliche oder absolute Größe.

Hier tauchen sie nun zum ersten Mal auf, die Begriffe »relativ« und »absolut«, um die sich in diesem Buch alles dreht!

Doch wie ist es, wenn wir Davids Größe in Metern angeben?»David ist 1,60 Meter groß.« Haben wir uns nun nicht vom Vergleich, also von der relativen Größe, gelöst? Ist nicht 1,60 Meter Davids absolute Größe? Nein, das haben wir nicht. Wir haben nur die Größe von David mit einer Strecke verglichen, die wir Meter nennen. Diese Meter-Strecke selbst stammt auch wieder aus einem Vergleich. Im Jahre 1791 legte man in Paris fest, dass man den vierzigmillionsten Teil eines Erdumfangs Meter nennen wollte. Heute hat man sich auf einen etwas anderen Vergleich geeinigt: Ein Meter ist die Strecke, die ein Lichtstrahl im 299 792 458sten Teil einer Sekunde zurücklegt.

Es ist unmöglich, die absolute Größe eines Objektes zu bestimmen. Diese Tatsache hat der französische Mathematiker und Physiker Jules Henri Poincaré (1854 bis 1912) seinen Zeitgenossen durch ein Gedankenspiel drastisch vor Augen geführt. »Nehmen wir einmal an«, überlegte er, »über Nacht, wenn jeder schläft, wird alles im Universum tausendmal so groß. Dabei soll wirklich alles tausendmal so groß werden: Menschen, Tiere und Pflanzen; Sonne, Mond und Sterne; Moleküle, Atome und Elektronen; Maßbänder, Zollstöcke und Lineale. Was würde man beim Erwachen feststellen?« Poincaré meinte: »Nichts! Die Welt wäre genauso wie vorher, und es gäbe keine Möglichkeit, die Vergrößerung zu erkennen. Denn um die Größe eines Objektes zu bestimmen, muss man es mit einem Maßstab vergleichen, und da auch alle Maßstäbe tausendmal so groß geworden wären, bliebe ein 1,80 Meter großer Mann immer noch 1,80 Meter groß.« Poincaré ging noch weiter: »Es ist sogar völlig sinnlos, überhaupt zu sagen, das Universum sei größer geworden. Denn es ist prinzipiell unmöglich, dies festzustellen.«

Jules Henri Poincaré

Am 29. April 1854 wurde Jules Henri Poincaré in der französischen Stadt Nancy geboren. 1879 schloss er sein Studium als Bergbauingenieur ab und reichte noch im selben Jahr eine mathematische Doktorarbeit bei der Pariser Sorbonne ein. Er arbeitete nur kurze Zeit als Ingenieur und begann schon bald, Mathematik an der Universität Caen und ab 1881 an der Pariser Sorbonne zu lehren. 1886 wurde Poincaré auf den Lehrstuhl für Mathematische Physik und Wahrscheinlichkeitstheorie berufen, und 1896 wechselte er auf den Lehrstuhl für Himmelsmechanik.

Poincaré trug viel zu fast allen Gebieten der neueren Mathematik bei. Er ist der Begründer der modernen Topologie. Über seine Arbeiten zur Theorie der Differentialgleichungen gelangte er zur Physik und schließlich zur Astronomie. Seine Forschungen über die Himmelsmechanik veröffentlichte er in seinen grundlegenden Werken »Les méthodes nouvelles de la mécanique céleste« (1892–1899) und »Leçons de mécanique céleste« (1905–1910).

1895 stellte er ein Relativitätsprinzip auf für optische und magnetische Phänomene, und 1904, ein Jahr vor Einsteins Veröffentlichung der Relativitätstheorie, vermutete er, dass es keine höhere Geschwindigkeit geben könne als die des Lichtes. Wäre ihm Einstein nicht zuvorgekommen, so hätte Poincaré vermutlich kurze Zeit später die Relativitätstheorie entdeckt.

In den letzten Jahren seines Lebens beschäftigte sich Poincaré auch mit der Quantenmechanik, die neben der Relativitätstheorie den zweiten großen Umsturz der Physik im 20. Jahrhundert bedeutete.

Poincaré starb am 17. Juli 1912 in Paris.

1928 wurde ihm zu Ehren das »Institut Henri Poincaré« gegründet, in dem physikalische und mathematische Forschungen betrieben werden.

Größe ist also relativ. Aber wie sieht es mit der Zeit aus? In Herbert George Wells' Kurzgeschichte »Der neue Akzelerator« entdeckt ein Gelehrter eine Möglichkeit, alle Funktionen seines Körpers zu beschleunigen. Sein Herz schlägt schneller, er atmet schneller und er denkt schneller, kurzum, er lebt rasend schnell. Für den Gelehrten selbst sieht es allerdings anders aus. Aus seiner Sicht scheint die Welt fast still zu stehen. Auf den Straßen stehen lauter menschliche Statuen, die Vögel fliegen im Schneckentempo durch die Luft, und die Autos kriechen über das Pflaster. Der Gelehrte muss bewusst langsam gehen, damit die Luftreibung nicht seine Kleidung in Brand setzt.

Auch Zeitspannen können wir nur relativ angeben. In Wells' Geschichte bewegt sich der Gelehrte, verglichen mit unserem Lebensrhythmus, sehr schnell, und verglichen mit seinem Lebensrhythmus ist die Welt beinahe bewegungslos. Wenn wir sagen, unser Urlaub hat zehn Tage gedauert, so haben wir keine absolute Zeitangabe gemacht, sondern wir haben seine Dauer mit der Zeit verglichen, die die Erde für eine Umdrehung um die eigene Achse benötigt.

Wir können nun Poincarés Gedankenspiel abwandeln. Angenommen, in der Silvesternacht ab Mitternacht würde alles im Universum doppelt so schnell ablaufen wie vorher. Was würden wir merken, wenn wir am Neujahrsmorgen erwachen? Die Antwort lautet auch diesmal: »Nichts!« Auch unsere Zeitmaßstäbe, beispielsweise die Umdrehungsdauer der Erde um die eigene Achse, Tag genannt, oder die Zeit, die die Erde für einen Lauf um die Sonne benötigt, Jahr genannt, verstrichen doppelt so schnell. Folglich würden alle Zeitmessungen am Neujahrstag das Gleiche ergeben wie am Silvestertag.

Zeit ist also genauso relativ wie Größe.

Geschwindigkeit

Geschwindigkeit ist ein physikalischer Begriff, den jeder kennt und der auch in der Umgangssprache ständig benutzt wird. Seine Bedeutung ist recht einfach: Die Geschwindigkeit eines sich bewegenden Objektes ist das Verhältnis der zurückgelegten Strecke zur dazu benötigten Zeit. Fährt man beispielsweise mit dem Auto die hundert Kilometer lange Strecke von Osnabrück nach Bremen und benötigt dazu eine Stunde, so hat man eine Geschwindigkeit von 100 Kilometern pro Stunde oder von 100 km/h. (h ist ein Symbol für Stunde.) Ein Spaziergänger, der in einer halben Stunde zwei Kilometer weit wandert, hat eine Geschwindigkeit von 2 km pro halbe Stunde oder, wenn man sie auf eine ganze Stunde umrechnet, von 4 km/h. Eine besondere Geschwindigkeit hat ein Objekt, das sich gar nicht bewegt: Es hat die Geschwindigkeit 0 km/h.

Ganz ohne Mathematik kommen wir in diesem Buch nicht aus, und um in den Gleichungen nicht immer die Wörter »Strecke«, »Zeit« und »Geschwindigkeit« ausschreiben zu müssen, benutzen wir einige in der Physik übliche Abkürzungen:

$$s = \text{Strecke}$$
$$t = \text{Zeit}$$
$$v = \text{Geschwindigkeit}$$

Mit diesen Abkürzungen kann man jetzt $v = s/t$ als Formel der Geschwindigkeit schreiben und für die Geschwindigkeiten des Autos und des Spaziergängers

$v_A = 100 \, \text{km/h}$ und $v_S = 4 \, \text{km/h}$. Die Indizes A und S stehen für »Auto« und »Spaziergänger«.

Soweit hört sich alles noch ganz einfach an. Dass der Begriff der Geschwindigkeit aber doch etwas komplizierter zu sein scheint, spürt man manchmal bei Zugfahrten. Sicherlich haben Sie alle schon solche Momente erlebt, wie Jason vor einiger Zeit bei einer Bahnreise nach Kolchis.

Jason saß in einem Zugabteil und schaute aus dem Fenster. Der Zug wartete in einem Bahnhof, und auf dem Nachbargleis stand ein zweiter Zug. Im ihm gegenüberliegenden Abteil des anderen Zuges, nur durch zwei Fensterscheiben getrennt, saß eine junge Frau und las. Jason beobachtete sie. Plötzlich fuhr sein Zug ganz sanft an, und die Frau im gegenüberstehenden Zug blieb hinter ihm zurück und war nach wenigen Sekunden aus seinem Blickfeld verschwunden. Gelangweilt drehte er seinen Kopf und blickte durch das Fenster auf der Gangseite: Er sah den ruhenden Bahnsteig. Es dauerte einen kurzen Moment, bis sein Gehirn verarbeiten konnte, was seine Augen wahrgenommen hatten. Nicht sein Zug war abgefahren, sondern der, in dem die junge Frau saß. Als er dann wieder auf den anderen Zug bückte, glaubte er auch tatsächlich, erkennen zu können, dass sein Zug stand und der andere fuhr.

Jason hatte sich also über seine Geschwindigkeit täuschen lassen. Trotzdem war es schließlich ein Leichtes, festzustellen, welcher Zug stand und welcher fuhr. Damit war dann wieder alles in Ordnung. – Wirklich?

Betrachten wir einmal eine andere Situation. Ein Spaziergänger, der in der Nähe einer Bahnstrecke unterwegs ist, sieht in einiger Entfernung einen Zug nahen. Ihn interessiert, wie schnell er ist, und er möchte seine Geschwindigkeit messen. Dazu sucht er sich zwei Strommasten aus, die beide mit einigem Abstand voneinander direkt an der Bahntrasse stehen und die er gleichzeitig im Blick hat. Zufällig hat er eine Stoppuhr bei sich. Er startet die Stoppuhr in dem Moment, in dem das Vorderende der Lokomotive den ersten Strommast passiert und stoppt sie wieder, wenn das Vorderende den zweiten Mast passiert *(Bild 1)*. Nehmen wir einmal an, es wären vier Sekunden verstrichen. Nun geht er zur Bahntrasse und schreitet die Strecke zwischen den beiden Strommasten ab und kommt auf einen Abstand von, sagen wir, 120 Metern. Somit hatte der Zug 120 Meter in vier Sekunden zurückgelegt und darum eine Geschwindigkeit von 30 m/s.

Dies ist natürlich kein besonders genaues Messverfahren, und man kann es sicherlich verbessern, aber für unsere Zwecke reicht es, denn es geht nur um das Prinzip.

Im selben Zug ist zu der Zeit, als der Spaziergänger die Geschwindigkeit misst, ein Schaffner unterwegs. Er geht vom letzten Wagen aus durch den ganzen Zug bis hin zur Lokomotive. Der Schaffner möchte seine Geschwindigkeit feststellen, und da er weiß, dass die Waggons des Zuges alle 50 Meter lang sind, stoppt er mit seiner Armbanduhr die Zeit, die er benötigt, um von einem Ende eines Waggons bis zum anderen zu gelangen. Angenommen, es wären 50 Sekunden. Also ist der Schaff-

Bild 1: *Um die Geschwindigkeit eines Zuges zu messen, startet ein Spaziergänger seine Stoppuhr genau in dem Moment, in dem das Vorderende der Lokomotive einen Strommast passiert (oben) und stoppt sie genau in dem Augenblick, in dem das Vorderende der Lokomotive den nächsten Strommast passiert (unten).*

ner in 50 Sekunden 50 Meter weit gegangen und hat deshalb eine Geschwindigkeit von 1 m/s.

Bis hierher scheint noch alles in Ordnung zu sein. Aber nehmen wir einmal an, der Spaziergänger hätte die Geschwindigkeit des Schaffners, den er durch die Fenster des Zuges sehen kann, bestimmen wollen. Dabei wäre er genauso vorgegangen wie bei der Messung der Zuggeschwindigkeit: Der Spaziergänger hätte seine Stoppuhr in dem Moment gestartet, in dem der Schaffner den ersten Strommast passiert hätte und sie wieder gestoppt, wenn er den zweiten Mast passiert hätte *(Bild 2)*. Die Stoppuhr hätte diesmal nicht vier Sekunden angezeigt, sondern nur etwa 3,9 Sekunden. Warum? Angenommen, der Schaffner hätte beim Passieren des ersten Mastes gerade am Ende des letzten Waggons gestanden. Da der Schaffner während der Fahrt in Richtung Lokomotive geht, ist er eher am zweiten Mast als das Hinterende des Zuges. Der Spaziergänger hätte also die Geschwindigkeit des Schaffners zu 120 m/3,9 s, also zu 31 m/s ermittelt. Die Geschwindigkeitsmessungen des Schaffners und die des Spaziergängers widersprechen sich offensichtlich. Hat der Schaffner nun eine Geschwindigkeit von 1 m/s oder von 31 m/s?

Die Antwort ist: Beide haben Recht. Der Widerspruch tritt nur deshalb auf, weil bei beiden Geschwindigkeitsangaben eine Information unterschlagen wurde. Korrekt hätte es heißen müssen: Der Schaffner hat eine Geschwindigkeit von 1 m/s relativ zum Zug und eine Geschwindigkeit von 31 m/s relativ zur Erde.

Was bedeutet also die Aussage, dass die Geschwindigkeit des Schaffners relativ zum Zug 1 m/s ist? Sie

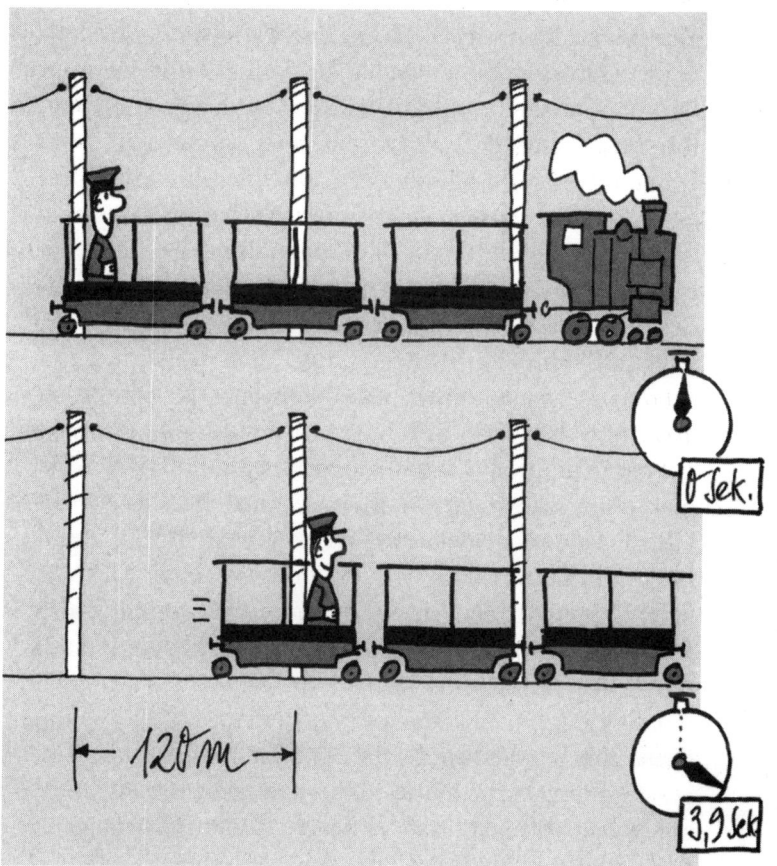

Bild 2: *Um die Geschwindigkeit des Schaffners zu messen, der durch einen fahrenden Zug geht, startet ein Spaziergänger seine Stoppuhr genau in dem Moment, in dem der Schaffner einen Strommast passiert (oben) und stoppt sie genau in dem Augenblick, in dem der Schaffner den nächsten Strommast passiert (unten).*

bedeutet nichts anderes als: Angenommen, der Zug stünde still, dann wäre die Geschwindigkeit des Schaffners 1 m/s. Man kann sie aber auch noch anders formulieren: Der Geschwindigkeitsunterschied zwischen dem Zug und dem Schaffner beträgt 1 m/s.

Die gleiche Überlegung gilt natürlich entsprechend auch für die zweite Geschwindigkeitsangabe. Angenommen, die Erde stünde still, dann hätte der Schaffner eine Geschwindigkeit von 31 m/s. Oder anders ausgedrückt: Der Geschwindigkeitsunterschied zwischen der Erde und dem Zug beträgt 31 m/s.

Für die erste Geschwindigkeitsangabe leuchtet es ja noch ein, dass man dabei sagen muss, sie bezieht sich auf den Zug. Aber für die zweite Geschwindigkeit kommen einem diese umständlichen Formulierungen recht überflüssig vor. Doch sind sie es wirklich? Nein. Das liegt nur daran, dass wir es gewohnt sind, alle Geschwindigkeitsangaben relativ zur Erde zu sehen, also so zu tun, als ob die Erde still stünde. Dabei wissen wir doch ganz genau, dies ist nicht der Fall.

Die Erdkugel hat einen Umfang von 40 000 km und dreht sich innerhalb von 24 Stunden einmal um die eigene Achse. Das bedeutet, eine Kokosnuss, die irgendwo am Äquator im Sand liegt – also eine Geschwindigkeit von 0 km/h relativ zur Erde hat –, rast mit einer Geschwindigkeit von 40 000 km in 24 Stunden oder von 1667 km/h im Kreis. Das ist etwa die 1,3-fache Schallgeschwindigkeit. Worauf bezieht sich diese Geschwindigkeitsangabe? Es wurde angenommen, dass die Erde zwar um ihre eigene Achse rotiert, dass sie dabei aber nicht vom Fleck kommt, also eine feste Position im Weltall behält.

Nun wissen wir aber, dass dies nicht so ist. Die Erde fliegt auf einer Bahn, die fast ein Kreis ist, einmal im Jahr um die Sonne. Diese Bahn hat eine Länge von knapp einer Milliarde Kilometern. Somit hat die Erde eine Geschwindigkeit von einer Milliarde Kilometern pro Jahr, oder, wenn man dies umrechnet, von 30 km/s relativ zur Sonne.

Das Spiel kann man noch weiter treiben. Die Sonne steht auch nicht still im Weltall, sondern läuft auf einer gigantischen Bahn um das Zentrum der Milchstraße, und auch das Milchstraßenzentrum selbst bewegt sich wiederum um das Zentrum eines Galaxienhaufens.

Doch kehren wir wieder zurück zu unserem Zugschaffner. Wie hängt seine Geschwindigkeit relativ zum Zug mit jener relativ zur Erde zusammen? Die Beziehung ist ganz einfach: Die Geschwindigkeit des Schaffners relativ zur Erde ist die Geschwindigkeit des Schaffners relativ zum Zug plus die Geschwindigkeit des Zuges relativ zur Erde. Um diesen Satz etwas knapper formulieren zu können, benutzen wir als Abkürzung für alle Geschwindigkeiten relativ zum Zug ein kleines v und für alle Geschwindigkeiten relativ zur Erde ein großes V. Durch die Indizes S und Z kennzeichnen wir, ob es sich um Geschwindigkeiten des Schaffners oder des Zuges handelt:

$v_S = 1$ m/s: Geschwindigkeit des Schaffners relativ zum Zug

$V_S = 31$ m/s: Geschwindigkeit des Schaffners relativ zur Erde

$V_Z = 30$ m/s: Geschwindigkeit des Zuges relativ zur Erde

Nun kann man die Beziehungen zwischen den einzelnen Geschwindigkeiten durch eine einfache Formel ausdrücken:

$$V_S = V_Z + v_S$$

Ersetzt man in dieser Gleichung die Formelzeichen durch die tatsächlichen Geschwindigkeiten, erhält man

$$31 \, \text{m/s} = 30 \, \text{m/s} + 1 \, \text{m/s}$$

Diese Beziehung zwischen den verschiedenen Relativgeschwindigkeiten ist schon lange bekannt. Der Erste, der sie klar formuliert und benutzt hat, war der große italienische Physiker Galileo Galilei (1564–1642). »Schließt Euch in Gesellschaft eines Freundes in einen möglichst großen Raum unter Deck eines großen Schiffes ein«, sagte Galilei zur Relativität der Geschwindigkeit in seinem Buch »Dialog über die zwei hauptsächlichen Weltsysteme«. »Sorgt auch für ein Gefäß mit Wasser und kleinen Fischen darin; hängt ferner oben einen kleinen Eimer auf, welcher tropfenweise Wasser in ein zweites enghalsiges darunter gestelltes Gefäß träufeln lässt. Solange das Schiff stille steht, wird man sehen, wie die Fische ohne irgendwelchen Unterschied nach allen Richtungen schwimmen; die fallenden Tropfen werden alle in das untergestellte Gefäß fließen. Nun lasst das Schiff mit jeder beliebigen Geschwindigkeit sich bewegen: Ihr werdet – wenn nur die Bewegung gleichförmig ist und nicht hier- und dorthin schwankend – bei allen genannten Erscheinungen nicht die geringste Veränderung eintreten sehen. Aus keiner derselben werdet Ihr entnehmen können, ob das Schiff fährt oder stille steht.«

Galileo Galilei

Galileo Galilei wurde am 15. Februar 1564 in Pisa geboren und studierte an der Universität seiner Heimatstadt Medizin, Mathematik und Physik. Er war nach seinem Studium einige Jahre Mathematikprofessor in Pisa und Padua, bis er 1610 als Hofmathematiker und -philosoph zum Großherzog der Toskana nach Florenz ging. Im Jahre 1616 wurde ihm vom Papst auferlegt, zu den Lehren des Kopernikus zu schweigen. Kopernikus hatte behauptet, dass nicht die Erde das Zentrum der Welt sei, um das sich die Sonne, die Planeten und die Sterne drehten, sondern dass die Sonne den Mittelpunkt bilde, um den alles kreist. Dieses Schweigegebot sah man gebrochen durch Galileis Hauptwerk »Dialog über die zwei hauptsächlichen Weltsysteme« aus dem Jahre 1632, und er wurde im Jahr darauf von der Inquisition dazu verurteilt, seine Lehre zu widerrufen, und unbefristet unter Hausarrest gesetzt.

Galilei begründete die klassische Mechanik und versuchte Vorgänge der Natur mathematisch zu erklären. In seinem wohl berühmtesten Gedankenexperiment sagte er: »Alle Gegenstände fallen gleich schnell zur Erde, wenn sie nicht durch den Luftwiderstand aufgehalten werden.« Dies stand im krassen Gegensatz zur offiziellen Wissenschaft, die sagte, dass die Fallgeschwindigkeit umso größer ist, je schwerer der Körper ist.

Es ist unmöglich, alle wissenschaftlichen Leistungen Galileis in wenigen Zeilen aufzuzählen. So baute er sich beispielsweise ein Fernrohr, richtete es auf den Himmel und revolutionierte damit die gesamte Astronomie. Er entdeckte Gebirge auf dem Mond, Flecken auf der Sonne, Monde, die den Planeten Jupiter umkreisen, und Ringe, die wie eine Hutkrempe um den Planeten Saturn liegen. Der Himmel hatte plötzlich seine göttliche Vollkommenheit verloren und sah sehr irdisch aus. Am 8. Januar 1642 starb Galilei in seinem Landhaus in Arcetri nahe Florenz.

Nun lassen wir unseren Zugschaffner in die entgegengesetzte Richtung gehen, also von der Lokomotive aus zum letzten Waggon hin. Immer noch hat der Zug eine Geschwindigkeit V_Z von 30 m/s relativ zur Erde und der Schaffner eine Geschwindigkeit v_S von 1 m/s relativ zum Zug. Da aber nun der Schaffner nicht mehr in, sondern gegen die Fahrtrichtung des Zuges läuft, muss man diesmal die Geschwindigkeiten voneinander abziehen, um die Geschwindigkeit des Schaffners relativ zur Erde zu erhalten. Wir schreiben also wie folgt:

$$V_S = V_Z - v_S$$

Ersetzt man in dieser Gleichung die Symbole durch ihre Werte, erhält man

$$29 \text{ m/s} = 30 \text{ m/s} - 1 \text{ m/s}$$

Läuft der Schaffner also im Zug gegen die Fahrtrichtung, so hat er vom Spaziergänger aus gesehen eine Geschwindigkeit von 29 m/s.

Wenn man möchte, könnte man nun mit diesen Beziehungen die Geschwindigkeit des Schaffners nicht nur relativ zur Erde berechnen, sondern auch relativ zur Drehachse der Erde oder relativ zur Sonne oder relativ zum Zentrum der Milchstraße. Aber obwohl wir auf diese Weise weit in die Tiefen des Weltalls vorstoßen, geben wir immer nur Geschwindigkeitsunterschiede zwischen zwei Objekten an – den Unterschied der Geschwindigkeiten des Schaffners und des Zuges oder des Schaffners und der Erde oder des Schaffners und der Erdachse oder des Schaffners und der Sonne oder des Schaffners und des Milchstraßenzentrums –, niemals jedoch die Geschwindigkeiten selbst.

Wie kann man die tatsächliche Geschwindigkeit – in der Physik nennt man sie die Absolutgeschwindigkeit – eines Objektes bestimmen? Im Prinzip ist dies einfach. Man muss irgendetwas im Weltall finden, das sich absolut nicht bewegt, und dann die Geschwindigkeit relativ zu diesem Etwas messen. Die Geschwindigkeit, die man auf diese Weise erhält, muss dann die Absolutgeschwindigkeit des Objektes sein. Nun stellt sich natürlich die Frage, gibt es etwas im Weltall, von dem man sicher sagen kann, dass es sich absolut nicht bewegt? Mit

anderen Worten: Gibt es etwas, das die Absolutgeschwindigkeit 0 km/h hat? Die Physiker des 19. Jahrhunderts glaubten, so etwas zu kennen: den Äther.

Bevor wir nun näher auf den Äther eingehen können,
müssen wir uns zunächst einmal mit dem Licht befassen, das in der Relativitätstheorie eine ganz besondere
Rolle spielt.

Licht

Was ist Licht? Der englische Physiker Isaac Newton (1642–1727) nahm an, dass Licht aus winzig kleinen Teilchen besteht, so klein, dass man ihre Abmessungen nicht erkennen kann. Eine Lichtquelle, zum Beispiel eine Kerzenflamme, schießt wie eine Schrotflinte die Lichtteilchen in alle Richtungen ab. Nach Newtons Vorstellungen sollen diese Lichtteilchen nicht von der Schwerkraft der Erde angezogen werden. Darum fliegen sie auf schnurgeraden Bahnen durch den Raum.

Mit dieser Teilchentheorie oder Korpuskeltheorie, wie der Fachbegriff lautet, konnte Newton alle optischen Erscheinungen erklären, die zu seiner Zeit bekannt waren. Ein Lichtstrahl ist ein Strom aus vielen Lichtteilchen, die alle auf derselben Bahn fliegen, wie die Projektile eines Maschinengewehrs, das immer auf den selben Punkt zielt. Trifft ein Lichtteilchen auf einen Spiegel, ergeht es ihm wie einem Ball, den man gegen eine Wand schießt: Es wird so zurückgeworfen, dass die Winkel, die der Hin- und der Rückweg mit dem Spiegel einschließen, gleich sind *(Bild 3)*. Sieht man einen Gegenstand, so fliegen von ihm abgeschossene oder reflektierte Lichtteilchen in das Auge und lösen dort auf der Netzhaut eine Reaktion aus, die an das Gehirn weitergemeldet wird.

Etwa zur selben Zeit, als Newton seine Teilchentheorie in England vertrat, entwickelte Christiaan Huygens (1629–1695) in Holland eine Wellentheorie des Lichts. Um sie zu verstehen, müssen wir etwas weiter ausho-

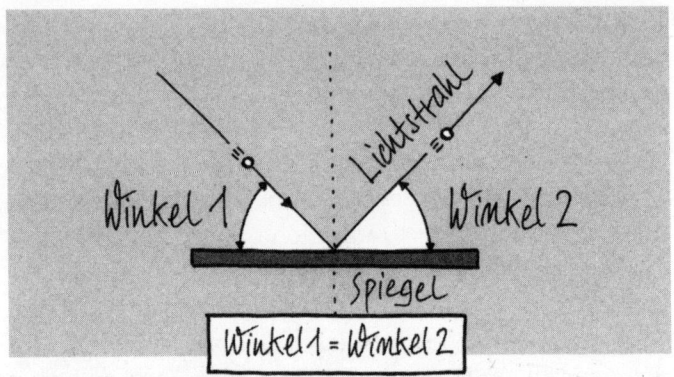

Bild 3: *Lichtteilchen, die auf einen Spiegel treffen, werden reflektiert. Die beiden Winkel, die der Weg der Lichtteilchen zum Spiegel hin und der Weg vom Spiegel fort mit dem Spiegel einschließen, sind immer gleich.*

len. Wirft man einen Stein in einen Tümpel, so entsteht an der Stelle, wo der Stein versinkt, eine ringförmige Welle auf der vorher glatten Wasseroberfläche. Der Durchmesser dieses Ringes wächst gleichmäßig an, und die Welle läuft in alle Richtungen von der Auftreffstelle fort. Zugleich entstehen in regelmäßigen Abständen immer wieder neue Wellen. Nach kurzer Zeit ist die ganze Wasseroberfläche des Tümpels in Bewegung und mit einem Muster aus auseinander laufenden konzentrischen Kreisen überzogen *(Bild 4, links)*. Ein Bild, das Sie sicherlich kennen.

Nun könnte man meinen, durch die Wellen, die schließlich Wälle aus Wasser sind, würde auch Wasser von der Auftreffstelle des Steins nach außen in Richtung Ufer fließen. Aber das ist ein Irrtum. Wenn dies tatsächlich so wäre, müsste an der Stelle, an der der Stein versinkt, ein Krater in der Tümpeloberfläche entstehen, und das dort verschwindende Wasser über die

Bild 4: *Ein Stein, der in die Mitte eines Tümpels geworfen wird, erzeugt auf der Wasseroberfläche ringförmige Wellen, die von der Auftreffstelle aus in alle Richtungen auf das Ufer zulaufen. Schneidet man in Gedanken die Welle auf dem Tümpel vom Himmel bis zum Boden durch und schaut auf die Schnittfläche, so sieht man die Seitenansicht einer Wasserwelle (hier näherungsweise skizziert). Die Welle wird dreimal nacheinander betrachtet, jeweils mit 0,1 Sekunde Abstand. Ein auf dem Tümpel schwimmender Korken wird nicht von der Welle mitgenommen, sondern bleibt am selben Ort und macht nur Auf- und Abbewegungen.*

Uferböschung treten. Wie jeder weiß, ist das nicht der Fall.

Mit einem einfachen Experiment kann man leicht überprüfen, dass durch die Wellen tatsächlich kein Wasser über die Tümpelfläche fließt: Man beobachtet einen Korken, der auf der Wasseroberfläche schwimmt. Er wird durch die Wellen nicht zum Ufer getrieben, sondern bleibt an Ort und Stelle und macht nur kurze Auf- und Abbewegungen, wenn die Wellen über ihn hinweglaufen.

Betrachten wir nun einmal den See nicht mehr von oben, sondern von der Seite. Wir schneiden also in Gedanken Luft und Wasser vom Himmel bis zum Tümpelboden durch und schauen auf die Schnittfläche *(Bild 4)*. Man sieht, die Wasseroberfläche ist nicht glatt, sondern mit einem regelmäßigen Muster aus Wasserbergen und Wassertälern überzogen. Näherungsweise bezeichnen die Physiker die Form dieser Wasseroberfläche als Sinuskurve.

Die obere rechte Zeichnung von Bild 4 ist aber nur eine Momentaufnahme der Welle. Das Muster verändert sich ständig. Die mittlere Zeichnung zeigt es eine zehntel Sekunde später: Man sieht, die Welle hat sich ein wenig nach rechts verschoben. Eine weitere zehntel Sekunde später in der unteren Zeichnung hat sie sich noch ein Stückchen mehr nach rechts bewegt. Und so geht es immer weiter: Der komplette Wellenzug wandert von links nach rechts. Der Korken macht diese Wanderung nicht mit, sondern bewegt sich nur auf und ab. Das Wasser an der Oberfläche des Tümpels verhält sich genauso wie der Korken. Jeder einzelne Wassertropfen schwingt auf und ab, ohne sich dabei zum Ufer zu bewegen. Bei der Welle fließt also nicht das Wasser selbst von links nach rechts, sondern nur der »Bewegungszustand« des Wassers. Genauso verhalten sich auch alle anderen Arten von Wellen. Schwingt man ein Ende eines Gartenschlauches, so werden keine Schlauchstücke in Schlauchrichtung transportiert, sondern nur der Schwingungszustand wandert über den Schlauch. Bei einer Schallwelle fliegt keine Luft vom Lautsprecher zum Ohr, sondern der Luftdruck ändert sich wellenförmig auf dem Weg.

Gehen wir nach diesem Ausflug zu den Wasser-, Schlauch- und Schallwellen wieder zurück zum Licht. Für Christiaan Huygens war eine Lichtquelle der Stein, den man ins Wasser wirft, und das Licht selbst war die Welle, die dabei entsteht. Huygens konnte mit dieser Theorie, genau wie Newton mit seinen Lichtteilchen, alle damals bekannten optischen Phänomene erklären. Doch Newtons Ansehen in der wissenschaftlichen Welt war so enorm, dass im ganzen 18. Jahrhundert seine Ansichten einem Dogma gleichkamen und Abweichungen davon keine Chance hatten. Huygens' Wellentheorie fristete ein kümmerliches Dasein. Erst im 19. Jahrhundert erlebte sie durch den Engländer Thomas Young (1773–1829) eine Wiedergeburt. Da man nur mit ihr die vielen neu entdeckten Effekte der Optik erklären konnte, war sie so erfolgreich, dass nach 1825 Newtons Theorie kaum noch Anhänger hatte. Bis zum Anfang dieses Jahrhunderts war die Teilchentheorie völlig bedeutungslos geworden. Dann führte Albert Einstein sie 1905 wieder in die Physik ein und erhielt hierfür 1921 sogar den Nobelpreis. G. N. Lewis prägte 1926 für die Lichtteilchen den Namen Photon, in Anlehnung an andere Elementarteilchen, deren Namen auf »-on« enden: Elektron, Proton, Neutron, Myon.

»Wer hat denn nun eigentlich Recht: Huygens? Oder Newton und Einstein?«, werden Sie vielleicht fragen. Die Antwort mag unbefriedigend sein: alle drei! Das Licht ist nach 1905 ein seltsames Zwitterwesen geworden. Je nachdem, welches Experiment man mit ihm macht, verhält es sich einmal wie eine Welle und ein anderes Mal wie ein Teilchen. Es ist also Teilchen und Welle, und doch ist es keines von beidem.

Sowohl nach Newtons Teilchentheorie als auch nach Huygens' Wellentheorie breitet sich das Licht nicht unendlich schnell aus, sondern hat eine bestimmte Geschwindigkeit. In Newtons Theorie ist ohne weiteres zu verstehen, was die Lichtgeschwindigkeit bedeutet: Es ist die Fluggeschwindigkeit der Lichtteilchen. Bei der Wellentheorie ist es nicht ganz so simpel. Man betrachtet dazu irgendeinen Wellenberg einer Lichtwelle und misst, mit welcher Geschwindigkeit genau dieser Wellenberg wandert. Da die Abstände der einzelnen Wellenberge einer Welle immer gleich bleiben, haben auch alle anderen Wellenberge und damit die gesamte Welle diese Geschwindigkeit.

Christiaan Huygens

Christiaan Huygens war der Sohn des Dichters und Diplomaten Constantijn van Zuylichem. Er wurde am 14. April 1629 in Den Haag in Holland geboren. Bis zu seinem sechzehnten Lebensjahr unterrichteten ihn sein Vater und einige Privatlehrer. Zwischen 1645 und 1647 studierte er an der Universität Leiden Jura und hörte nebenbei Mathematikvorlesungen. Nach Aufenthalten in Paris und London widmete er sich ab 1649 nur noch der wissenschaftlichen Arbeit. 1666 ging er an die neu gegründete »Académie Royale des Science« nach Paris. Dort lernte er viele der führenden Köpfe der Wissenschaft, wie Isaac Newton (1643 bis 1727) und Gottfried Wilhelm Leibniz (1646–1716), kennen. 1681 kehrte Huygens in die Niederlande zurück, wo er sich auf seinem Gut Hofwijck niederließ.

Huygens' frühe Arbeiten waren vor allem die Herstellung optischer Instrumente hoher Qualität. Mit einem seiner Fernrohre entdeckte er 1655 den Saturnmond Titan und 1656 den Orionnebel. Ebenfalls 1656 schrieb er eine viel gelesene mathematische Arbeit. 1656 und 1657 entwickelte er die erste Pendeluhr. 1673 erschien Huygens' Hauptwerk »Horologium oscillatorium«, in dem er die Pendeluhr verbessert und eine physikalische Theorie der Pendel entwickelt. 1675 baute er eine Uhr mit Spiralfeder und Unruh, die im Gegensatz zur Pendeluhr in der Tasche mitgetragen werden konnte.

Ab 1676 wandte sich Huygens der Optik zu. Er untersuchte die Reflexion, die Brechung und die Ausbreitung des Lichtes und entwickelte daraus die Idee, dass das Licht eine Welle sein müsse. Als Ausbreitungsmedium der Lichtwelle »erfand« er den Lichtäther. Damit stand er im Gegensatz zu Newton, der die Ansicht vertrat, Licht bestünde aus Teilchen.

Am 8. August 1695 starb Huygens in seiner Geburtsstadt Den Haag.

Im Jahre 1676 gelang es dem Dänen Ole Christensen Rømer (1644–1710), erstmals die Lichtgeschwindigkeit zu messen. Er benutzte dazu Beobachtungen von einem Mond des Planeten Jupiter. Das Ergebnis war zwar nicht besonders genau, aber es bewies, dass das Licht nicht unendlich schnell ist, wie es der griechische Philosoph Aristoteles behauptet hatte und wie viele Wissenschaftler nach ihm angenommen hatten.

Heutzutage ist es kein Problem mehr, die Lichtgeschwindigkeit mit äußerst hoher Präzision zu messen. Sie beträgt im luftleeren Raum 299 792 458 m/s. Diese Geschwindigkeit ist unvorstellbar hoch: In einer einzigen Sekunde könnte ein Lichtteilchen die Erde siebeneinhalbmal umrunden oder beinahe bis zum Mond fliegen! Um nicht immer diesen langen Zahlenwert schreiben zu müssen, kürzt man ihn üblicherweise mit dem Buchstaben c ab. Also: c = 299 792 458 m/s.

Es ist leicht einzusehen, dass Newtons und Einsteins Lichtteilchen durch das luftleere Weltall von der Sonne und den Sternen zur Erde fliegen können. Aber kann auch eine Welle durch das Vakuum laufen? Huygens

meinte dazu: »Licht ist eine Welle, und so wie eine Wasserwelle nicht ohne Wasser existieren kann und eine
Schlauchwelle nicht ohne Schlauch, so braucht auch
eine Lichtwelle irgendein Lichtmedium, in dem es
schwingen kann.« Dieses Medium nannte er den Lichtäther.

Äther

Die Wissenschaftler des antiken Griechenlands glaubten, oberhalb der gewöhnlichen Luftschicht der Erde befinde sich eine besondere Himmelsluft oder, wie es auf Griechisch heißt, ein Äther. Für sie war es unvorstellbar, dass es dort einen absolut leeren Raum, ein Vakuum, geben könnte.

Im Laufe der Jahrhunderte wurde eine ganze Reihe von weiteren Äthern erfunden für die verschiedensten Sachen, die sich die Wissenschaftler nicht erklären konnten. So gab es beispielsweise einen Äther, in dem die Planeten schwimmen konnten, oder einen Äther, der die menschlichen Empfindungen von einem Körperteil zum anderen übertrug. Zeitweilig war der ganze Raum mit drei oder vier verschiedenen Äthern gefüllt. Als die Menschen immer mehr über die Natur lernten, verschwand wieder ein Äther nach dem andern. Und schließlich zum Ende des 19. Jahrhunderts war nur noch ein einziger übrig geblieben: der von Christiaan Huygens eingeführte lumiphore Äther oder Lichtäther. Auf ihn konnten die Wissenschaftler auf keinen Fall verzichten, diente er doch den Lichtwellen als Medium, in dem sie schwingen konnten.

Dieser Lichtäther musste wunderbare Eigenschaften haben. Er musste einerseits dicht und elastisch sein, damit sich die Lichtwellen in ihm ausbreiten konnten, und er durfte andererseits der Materie nicht den geringsten Widerstand entgegensetzen, ja, er musste sogar die Materie vollkommen durchdringen, ohne dass man etwas von ihm spürte. Man stellte sich den Äther ähnlich wie Luft vor. Er war überall im Weltall gleichmäßig zugegen und füllte es vollständig aus. Da er deswegen natürlich nirgendwo hinfließen konnte, sollte er in absoluter Ruhe sein. Das bedeutet, seine tatsächliche Geschwindigkeit – also nicht nur irgendeine Relativgeschwindigkeit – sollte 0 km/h sein.

Damit gab es also eine Möglichkeit, Absolutgeschwindigkeiten zu bestimmen. Wollte man beispielsweise die Absolutgeschwindigkeit der Erde wissen, so brauchte man nur den Geschwindigkeitsunterschied zwischen der Erde und dem Äther zu messen, und schon hatte man den Wert. Nun war es aber nicht ganz leicht, Geschwindigkeit relativ zum Äther zu messen, denn man konnte den Äther ja weder sehen noch spüren noch auf irgendeine andere Weise greifen. Er war für jeden und alles unbemerkbar, mit einer einzigen Ausnahme: Das Licht nahm den Äther wahr. Also gab es nur eine einzige Chance: Man musste den Geschwindigkeitsunterschied zum Äther mit Hilfe von Licht messen.

Der bedeutende englische Physiker James Clerk Maxwell (1831–1879) hatte als Erster eine Idee, wie man diese Messung machen könnte. »Man muss die Lichtgeschwindigkeit einmal in und einmal gegen die Richtung des Ätherwindes messen. Daraus kann man die Absolutgeschwindigkeit der Erde errechnen«, schlug er vor.

Was hatte es mit dem Ätherwind auf sich? Der Ätherwind gleicht einem Effekt, den jeder Radfahrer kennt. »Ein Radler hat immer Gegenwind, ganz egal, in welche

Richtung er fährt«, wird oft gewitzelt. Dabei ist diese Alltagsweisheit gar nicht so falsch. Wenn ein Radfahrer bei Windstille an einer Ampel hält, ist der Geschwindigkeitsunterschied zwischen ihm und der Luft 0 km/h. Fährt der Radfahrer allerdings bei Windstille 20 km/h schnell, so beträgt auch der Geschwindigkeitsunterschied zwischen ihm und der Luft 20 km/h. Mit anderen Worten: Ihm bläst ein Gegenwind oder Fahrtwind mit 20 km/h entgegen. Wenn nun die Erde mit einer bestimmten Geschwindigkeit durch den ruhenden Äther fliegt, so muss ihr auch ein Ätherwind mit genau dieser Geschwindigkeit entgegenblasen. Weil wir jedoch den Äther nicht wahrnehmen können, spüren wir auch diesen Gegenwind nicht.

James Clerk Maxwell

James Clerk Maxwell wurde am 13. Juni 1831 in Edinburgh geboren. Er war der letzte Stammhalter der Clerks, einer reichen schottischen Familie. Der Name Maxwell war nur hinzugefügt worden, um die durch Einheirat erworbenen Ländereien behalten zu können.

Von 1847 bis 1854 studierte James Clerk Maxwell Physik, zunächst in seiner Heimatstadt Edinburgh, später dann in Cambridge. Von 1855 bis 1859 lehrte er Physik in Cambridge und Aberdeen, und 1860 erhielt er eine Professur für Experimentalphysik in Cambridge, die er bis zu seinem Lebensende innehatte.

1857 gewann Maxwell einen Wettbewerb, bei dem es um die Analyse der Saturnringe ging. Er kam zu der

Erkenntnis, die Ringe müssten aus einer Unzahl kleiner Körper bestehen, eine Schlussfolgerung, die von den Voyager-Sonden 1980 beim Vorbeiflug am Saturn bestätigt wurde.

Ab 1859 wandte sich Maxwell der kinetischen Gastheorie zu, die er gemeinsam mit dem österreichischen Physiker Ludwig Boltzmann (1844–1906) erarbeitete. Nach dieser Theorie fliegen die Gasteilchen völlig ungeordnet kreuz und quer durch den Raum und stoßen gegeneinander und gegen die Wände ihres Gefäßes. Durch diese Wandstöße entsteht zum Beispiel der Druck des Gases.

Die wohl größte Leistung Maxwells ist die einheitliche mathematische Beschreibung von Elektrizität und Magnetismus durch die vier berühmten Maxwellschen Gleichungen. Er entdeckte, dass es elektromagnetische Wellen geben muss, die dann später von dem deutschen Physiker Heinrich Hertz (1857–1894) experimentell nachgewiesen wurden. Radiowellen, Mikrowellen, Röntgenstrahlen oder Gammastrahlen sind besondere elektromagnetische Wellen, die man erst nach Maxwell kennen lernte. Maxwell stellte außerdem fest, dass Licht auch eine elektromagnetische Welle sein muss.

Maxwells Ansichten über den Äther waren ambivalent. Einerseits benutzte er den Begriff, aber andererseits bezeichnete er ihn als äußerst unsichere wissenschaftliche Hypothese.

James Clerk Maxwell starb am 5. November 1879 in Cambridge.

Anders jedoch ist es mit dem Licht. Nach den Vorstellungen des 19. Jahrhunderts ist Licht nichts anderes als ein Schwingen des ruhenden Äthers. Diese Schwingung breitet sich mit immer der gleichen Geschwindigkeit von $c = 299\,792\,458$ m/s relativ zum Äther aus. Jetzt können wir mit dem Licht, dem Äther und der Erde ähnliche Überlegungen anstellen wie im vorletzten Kapitel mit dem Zug, dem Spaziergänger und dem Schaffner.

Angenommen, die Erde fliegt relativ zum ruhenden Äther mit einer Geschwindigkeit v von 30 km/s von Westen nach Osten. Ein Lichtteilchen von einem fernen Stern kommt ihr mit der Geschwindigkeit c von 299 792,458 km/s relativ zum Äther von Osten nach Westen entgegen. Ein Astronaut, der mit seinem Raumschiff im Vergleich zum Äther ruht und die Erde und das Lichtteilchen beobachtet, sieht auch tatsächlich die Erde mit 30 km/s und das Lichtteilchen mit 299 792,458 km/s aufeinander zurasen *(Bild 5, oben)*. Ein Mensch auf der Erde hingegen, der nichts von seiner Geschwindigkeit relativ zum Äther spürt und deshalb glaubt zu ruhen, sieht das Lichtteilchen mit einer höheren Geschwindigkeit c_1 auf sich zukommen. Diese höhere Geschwindigkeit c_1 des Lichtteilchens relativ zur Erde ist die Summe der Lichtgeschwindigkeit und der Erdgeschwindigkeit jeweils relativ zum Äther:

$$c_1 = c + v = 299\,792{,}458 \text{ km/s} + 30 \text{ km/s} = 299\,822{,}458 \text{ km/s}$$

Ändern wir die Situation etwas ab. Wieder bewegt sich die Erde mit einer Geschwindigkeit v von 30 km/s von

Westen nach Osten durch den ruhenden Äther. Doch diesmal kommt das Lichtteilchen von einem fernen Stern im Westen und fliegt mit einer Geschwindigkeit

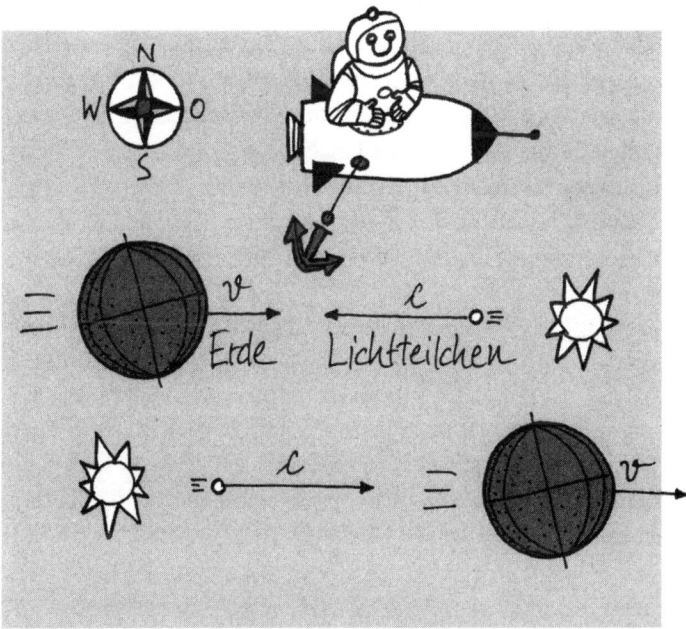

Bild 5: *Ein im Vergleich zum Äther ruhender Astronaut sieht, wie ein Lichtteilchen mit der Geschwindigkeit c und die Erde mit der Geschwindigkeit v aufeinander zufliegen. Von der Erde aus gesehen müsste das Lichtteilchen folglich die Geschwindigkeit c + v haben (oben). Der Astronaut sieht auch, wie ein anderes Lichtteilchen mit der Geschwindigkeit c die mit der Geschwindigkeit v entfliehende Erde einholt. Von der Erde aus gesehen müsste das Lichtteilchen deshalb mit der Geschwindigkeit c − v auf sie zufliegen (unten).*

von 299 792,458 km/s relativ zum Äther nach Osten *(Bild 5, unten)*. Der im Vergleich zum Äther ruhende Astronaut sieht, dass das Lichtteilchen mit einer Geschwindigkeit von 299 792,458 km/s die in die gleiche Richtung mit nur 30 km/s fliegende Erde einholt. Der Mensch auf der Erde betrachtet sich natürlich wieder als ruhend und beobachtet, wie das Lichtteilchen mit einer etwas langsameren Geschwindigkeit c_2 auf ihn zufliegt. Diese langsamere Geschwindigkeit c_2 des Lichtteilchens relativ zur Erde ist die Differenz der Lichtgeschwindigkeit und der Erdgeschwindigkeit jeweils im Vergleich zum Äther:

$$c_2 = c - v = 299\ 792{,}458\ \text{km/s} - 30\ \text{km/s} = 299\ 762{,}458\ \text{km/s}$$

Angenommen, man misst nun auf der Erde die Geschwindigkeit von zwei Lichtteilchen, von denen das eine in die gleiche Richtung fliegt wie die Erde und das andere in die entgegengesetzte Richtung. Diese Messung kann man machen, ohne die Absolutgeschwindigkeit der Erde zu kennen oder zu wissen, in welche Richtung die Erde sich bewegt. Die beiden gemessenen Geschwindigkeiten zieht man dann voneinander ab und erhält das Doppelte der gesuchten Absolutgeschwindigkeit der Erde. Warum? Probieren Sie es einfach aus:

$$c_1 - c_2 = \left(c + v\right) - \left(c - v\right) = c + v - c + v = 2v$$

Durch das Auflösen der Klammern verschwindet die Lichtgeschwindigkeit relativ zum Äther aus der Gleichung, und übrig bleibt nun die zweifache Absolutgeschwindigkeit $2v$.

Damit hatten nun James Clerk Maxwell und seine Zeitgenossen ein Verfahren, mit dem sich eigentlich die Absolutgeschwindigkeit der Erde hätte messen lassen müssen.

Leider funktionierte es aus technischen Gründen nicht. Falls die Erdgeschwindigkeit relativ zum Äther tatsächlich etwa 30 km/s sein sollte, so musste die Genauigkeit bei der Messung der beiden Lichtgeschwindigkeiten besser sein als 0,0000005 Prozent. Und diese Genauigkeit war zu Lebzeiten Maxwells ein Ding der Unmöglichkeit.

Michelson-Morley-Experiment

In seinem letzten Lebensjahr, 1879, erwähnte James
Clerk Maxwell in einem Brief an den Astronomen David
Todd die »Unmöglichkeit«, den Ätherwind auf der Erde
zu messen. Ein Kollege von Todd, ein junger Physiker
namens Albert Michelson, erfuhr von diesem Brief und
nahm die Herausforderung an, die unmögliche Messung möglich zu machen.

Albert Michelson war schon lange kein Niemand
mehr. Im Jahre 1873 hatte er im Alter von nur einund-
zwanzig Jahren ein Experiment durchgeführt, das den
bis dahin genauesten Wert der Lichtgeschwindigkeit ergab: 299 788 880 m/s. Dieser Wert ist nur etwa 0,001 Prozent kleiner als der heutige Wert.

Seine ersten Versuche, den Ätherwind zu messen,
machte Michelson während eines Studienaufenthalts
in Berlin zwischen 1880 und 1882. Er hatte die geniale
Idee, einen Effekt nutzen zu wollen, den die Physiker
»Interferenz von Licht« nennen. Dazu war es jedoch
notwendig, zwei Lichtstrahlen, die zunächst in unterschiedlichen Richtungen zum Ätherwind verlaufen,
schließlich zu einem einzigen Lichtstrahl zu vereinigen, der gleichzeitig auf derselben Bahn in dieselbe
Richtung läuft. Die Messapparatur, die er dafür baute,
ist nicht ohne weiteres zu verstehen, deshalb schauen
wir uns vorher eine ganz andere Situation an.

Es ist ein windstiller, sonniger Frühlingstag auf dem
Atlantik. Das Meer ist spiegelglatt und wird durch keinerlei Strömungen gestört.

Albert Abraham Michelson

Albert Abraham Michelson wurde am 19. Dezember 1852 in Strelno in Preußen geboren. Seine Familie wanderte 1855 in die USA aus. Von 1869 bis 1873 studierte er an der Marine-Akademie in Annapolis. Nachdem er zwei Jahre bei der Marine gedient hatte, arbeitete er einige Jahre als Physik- und Chemielehrer an der Marine-Akademie. 1880 und 1881 ging Michelson nach Europa, wo er in Paris, Berlin und Heidelberg seine Optikkenntnisse vertiefte. Nach seiner Rückkehr nach Amerika wurde er 1882 Physikprofessor an der Universität Cleveland, 1889 wechselte er an die Universität Worchester und schließlich 1929 an das Mount-Wilson-Observatorium in Pasadena.

Für seine hochpräzisen optischen Messinstrumente und für die damit ausgeführten Messungen erhielt Michelson 1907 den Nobelpreis für Physik.

Seinen ersten großen wissenschaftlichen Erfolg hatte Michelson 1878, als er die genaueste bis dahin erfolgte Messung der Lichtgeschwindigkeit durchführte. Zwei Jahre später entwickelte er das nach ihm benannte Michelson-Interferometer, mit dem er die Geschwindigkeit der Erde relativ zum Äther messen wollte. Die in Berlin gemachten Messungen waren erfolglos. 1887 wiederholte Michelson zusammen mit Edward William Morley mit einem noch präziseren Instrument die Messung. Wieder gelang es nicht, den Ätherwind zu messen. Dieser Misserfolg Michelsons war der erste Anstoß zur Entwicklung der Relativitätstheorie durch Albert Einstein.

1903 und 1927 erschienen seine beiden Hauptwerke »Lichtwellen und ihre Anwendungen« und »Studies in Optics«.

Am 9. Mai 1931 starb Albert Michelson in Pasadena in Kalifornien.

Von der Galerie seines Leuchtturms sieht ein Leuchtturmwärter in der Ferne drei große Öltanker der Atlantic Line vorüberziehen. Sie fahren in Dreiecksformation ganz gleichmäßig alle mit 30 km/h nach Osten. Das vorderste Schiff ist die Berenike. Im Abstand von genau vier Kilometern folgt ihr in ihrer Fahrspur die Andromeda, und auf immer gleicher Höhe mit der Andromeda fährt vier Kilometer nördlich davon die Calliope *(Bild 6, oben)*. Während der Leuchtturmwärter die Tanker beobachtet, kommt dem Kapitän der Andromeda die Idee, seine beiden Kollegen von der Berenike und der Calliope zu einer kleinen Feier einzuladen. Er schickt zwei Matrosen mit Motorbooten zu den Nachbarschiffen. Die Boote fahren beide mit einer Geschwindigkeit von 50 km/h relativ zum Wasser und starten gleichzeitig an der Andromeda. Sie übergeben ihre Einladungen ohne Zeitverlust an den Tankern Berenike und Calliope und fahren wieder zurück zu ihrem Schiff. Welches Motorboot ist zuerst zurück?

Betrachten wir zunächst einmal nur das Motorboot, das zur Calliope fährt, aus der Sicht des Leuchtturmwärters. Da die Calliope weiterfährt, während das Boot auf sie zukommt, darf es natürlich nicht genau nach

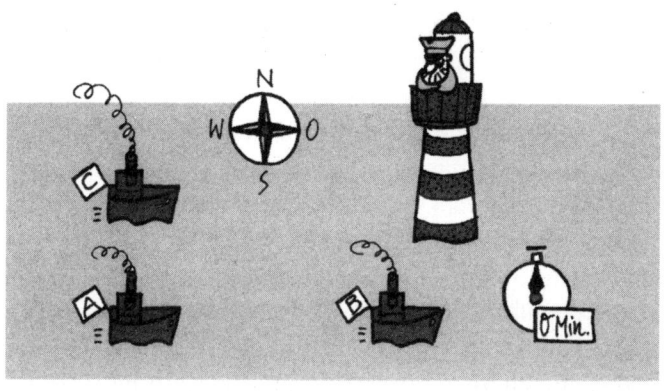

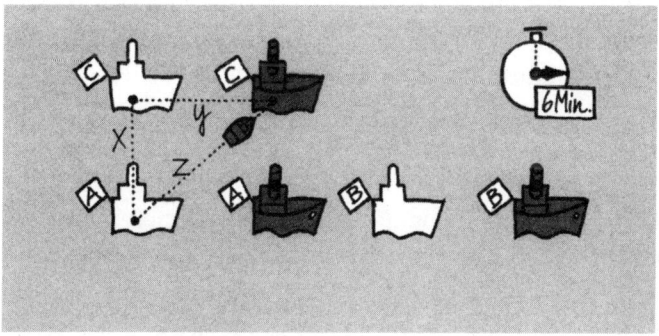

Bild 6: *Drei Tanker schwimmen gleich schnell durch den Atlantik nach Osten. Die Berenike befindet sich die ganze Fahrt über vier Kilometer östlich und die Calliope vier Kilometer nördlich der Andromeda (oben). Während das Boot von der Andromeda zur Calliope fährt, schwimmen auch die Tanker weiter. Deshalb muss es schräg zur Fahrtrichtung der Tanker fahren, um die Calliope zu erreichen. Die Positionen der Andromeda und der Calliope beim Start des Bootes und die Position der Calliope, wenn das Boot sie erreicht, liegen auf den Ecken eines rechtwinkligen Dreiecks (unten).*

Norden fahren. Es muss die Andromeda schräg zu deren Fahrtrichtung verlassen, damit es die Calliope erreichen kann. Die Positionen der Andromeda und der Calliope, wenn das Boot startet, und die Position der Calliope, wenn das Boot sie erreicht, liegen auf den Ecken eines Dreiecks *(Bild 6, unten)*. Dieses Dreieck hat einen rechten Winkel an der Ecke, an der sich die Calliope beim Start des Bootes befindet. Der Satz des Pythagoras stellt nun den Zusammenhang her zwischen dem Abstand x von der Andromeda zur Calliope, der Strecke y, die die Andromeda und die Calliope zurücklegen, während das Boot unterwegs ist, und der Strecke z, die das Boot auf seinem Weg von der Andromeda zur Calliope fährt:

$$z^2 = x^2 + y^2$$

Den Abstand x der beiden Tanker kennen wir bereits; er beträgt 4 km. Die Strecken y und z jedoch müssen wir erst noch aus den Geschwindigkeiten und den Fahrtzeiten der Tanker und des Bootes errechnen.

Angenommen, das Boot benötigt für die Fahrt von der Andromeda zur Calliope die Zeit t. Wir kennen zwar die Dauer dieser Zeit noch nicht, aber wir dürfen ihr natürlich trotzdem einfach den Namen t geben und dann damit rechnen. Da wir die Geschwindigkeit v_T der Tanker kennen, nämlich $v_T = 30$ km/h, können wir die Fahrtstrecke y der Calliope während dieser Zeit leicht bestimmen: Es ist einfach das Produkt aus der Geschwindigkeit der Tanker und der Fahrtzeit des Bootes:

$$y = v_T t$$

Das Gleiche gilt für die vom Boot mit der Geschwindigkeit v_B zurückgelegte Strecke z:

$$z = v_B t$$

Will man mit diesen beiden Gleichungen nun Kilometerwerte für die Strecken y und z errechnen, so gelingt dies leider nicht ohne weiteres. Denn dazu braucht man nicht nur einen Namen für die Fahrtzeit des Bootes, sondern auch den tatsächlichen Zahlenwert, und den kennen wir zu diesem Zeitpunkt noch nicht.

Bringt man aber alle drei Gleichungen zusammen, erhält man eine Formel, mit der man die Fahrtzeit ermitteln kann. Dazu müssen wir jedoch ein wenig Mathematik betreiben.

Zuerst zieht man von beiden Seiten der ersten Gleichung y^2 ab.

$$z^2 - y^2 = x^2$$

Nun werden beide Seiten der zwei anderen Gleichungen quadriert.

$$y^2 = v_T^2 t^2$$
$$z^2 = v_B^2 t^2$$

Diese Ausdrücke für y^2 und z^2 werden in die erste Gleichung eingesetzt.

$$v_B^2 t^2 - v_T^2 t^2 = x^2$$

Auf der linken Seite der Gleichung kann t^2 ausgeklammert werden.

$$\left(v_B^2 - v_T^2\right)t^2 = x^2$$

Beide Seiten der Gleichung werden durch den Klammerausdruck geteilt. Dadurch steht er auf der linken Seite im Zähler und im Nenner, kann deshalb gekürzt werden und ist danach verschwunden.

$$t^2 = \frac{x^2}{v_B^2 - v_T^2}$$

Um aus dem Quadrat der Zeit die Zeit selbst zu machen, zieht man auf beiden Seiten der Gleichung die Wurzel.

$$t = \sqrt{\frac{x^2}{v_B^2 - v_T^2}}$$

Im letzten Schritt wird die Wurzel aus dem Zähler des Bruches gezogen. Der Nenner lässt sich nicht weiter vereinfachen.

$$t = \frac{x}{\sqrt{v_B^2 - v_T^2}}$$

Bei den vorangegangenen Überlegungen kam der Satz des Pythagoras zur Anwendung. Wem dieser nicht mehr so geläufig ist, kann auf den folgenden Seiten sein Wissen etwas auffrischen.

Quadrate, Wurzeln und der Satz des Pythagoras

Nimmt man eine Zahl a mit sich selbst mal und nennt das Ergebnis b, so kann man dies mit mathematischen Symbolen kurz als $a \cdot a = b$ oder als

$$a^2 = b$$

schreiben. Der Ausdruck a^2 wird »a Quadrat« gelesen und bedeutet nichts anderes als $a \cdot a$. So ist beispielsweise $3^2 = 9$ und $1,2^2 = 1,44$. Eine solche Rechnung bezeichnet man als das »Quadrieren einer Zahl«.

Gelegentlich taucht auch das umgekehrte Problem auf: Man hat eine Zahl x und möchte wissen, welche Zahl y man mit sich selbst malnehmen muss, damit man x erhält. Man schreibt dies mit mathematischen Symbolen als

$$\sqrt{x} = y$$

Der Ausdruck $\sqrt{x}$ wird als »Wurzel aus x« gelesen. Zum Beispiel hat die Wurzel aus 4 den Wert 2, also $\sqrt{4} = 2$, denn $2 \cdot 2 = 4$. Zwei andere einfache Beispiele sind $\sqrt{16} = 4$, denn $4 \cdot 4 = 16$, und $\sqrt{25} = 25$, denn $5 \cdot 5 = 25$. Meistens ist die Wurzel aus einer ganzen Zahl selbst keine ganze Zahl mehr. So ist beispielsweise $\sqrt{10} \approx 3,1622777$. Solche Wurzeln kann man natürlich nicht mehr im Kopf berechnen, aber mit einem einfachen Taschenrechner kann man sie blitzschnell auf viele Stellen genau ermitteln.

Quadriert man die Wurzel aus einer Zahl oder zieht man die Wurzel aus einer quadrierten positiven Zahl, so heben sich das Quadrieren und das Wurzelziehen gegenseitig auf, und es bleibt als Ergebnis die Zahl selbst übrig.

$$\left(\sqrt{x}\right)^2 = \sqrt{x^2} = x$$

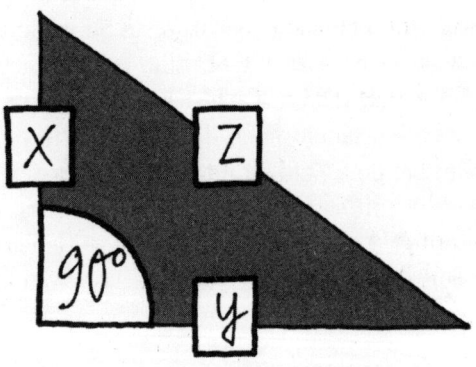

Ein Dreieck, bei dem einer der drei Winkel 90 Grad beträgt, nennt man rechtwinklig. Die drei Seiten eines solchen Dreiecks stehen in einer einfachen Beziehung zueinander, die nach dem griechischen Mathematiker Pythagoras von Samos (6. Jahrh. v. Chr.) benannt ist. Wir wollen die beiden kurzen Seiten des Dreiecks, die an der rechtwinkligen Ecke zusammenstoßen, mit x und y bezeichnen und die lange, dem rechten Winkel gegenüberliegende Seite mit z. Mit diesen Bezeichnungen lautet der Satz des Pythagoras

$$x^2 + y^2 = z^2$$

Zieht man von beiden Seiten der Gleichung die Wurzel, erhält man

$$\sqrt{x^2 + y^2} = z$$

Damit kann man nun aus den beiden kurzen Seiten des Dreiecks die lange Seite berechnen. Sind beispielsweise die kurzen Seiten drei und vier Einheiten lang, so hat die dritte Seite die Länge

$$\sqrt{3^2 + 4^2} = \sqrt{9 + 16} = \sqrt{25} = 5$$

In die Gleichung von Seite 52 setzt man die Werte für den Abstand der Tanker und für die Geschwindigkeiten ein.

$$t = \frac{4 \text{ km}}{\sqrt{\left(50 \text{ km/h}\right)^2 - \left(30 \text{ km/h}\right)^2}} = 0{,}1 \text{ h} = 6 \text{ min}$$

Das Boot ist also sechs Minuten von der Andromeda bis zur Calliope unterwegs. Da es auch noch eine gleich lange Strecke zurückfahren muss, braucht es zwölf Minuten für die gesamte Fahrt.

Schauen wir uns nun das zweite Boot an. Um seine Fahrtdauer von der Andromeda zur Berenike und zurück zu berechnen, bedienen wir uns eines kleinen Kunstgriffs: Wir betrachten die Fahrt nicht aus der Sicht des Leuchtturmwärters, sondern aus der der drei Tankerkapitäne. Das heißt, statt dass die Tanker mit der Geschwindigkeit v_T durch das ruhende Meer nach Osten fahren, sehen wir die Tanker als ruhend an, während das Meer mit einer Geschwindigkeit v_T gegen die Buge der Tanker nach Westen strömt.

Dazu sind wir durchaus berechtigt. Es ist zwar in der Seefahrt üblich anzunehmen, dass sich die Schiffe über das Meer bewegen und nicht umgekehrt das Meer unter den Schiffen hinwegströmt, aber das ist nur eine reine Geschmackssache. Wir wählen lieber den unüblichen Weg. (Übrigens schwimmt aus dieser Sichtweise auch der Leuchtturm mit der Geschwindigkeit v_T nach Westen.)

Das Boot muss auf dem Hinweg von der Andromeda zur Berenike gegen die Meeresströmung anfahren. Seine Geschwindigkeit relativ zum Wasser ist v_B. Aus der Sicht der drei Tanker hat es deshalb nur eine Geschwindigkeit v_1, die um die Strömungsgeschwindigkeit v_T niedriger ist:

$$v_1 = v_B - v_T$$

Die Fahrtzeit erhält man, wenn man die zurückgelegte Strecke durch die Geschwindigkeit teilt. Da die Andromeda und die Berenike immer den festen Abstand von $x = 4\,\text{km}$ voneinander haben, beträgt die Fahrtzeit t_1 auf dem Hinweg

$$t_1 = \frac{x}{v_1}$$

Die Geschwindigkeit v_1 kann man durch die Boots- und Wassergeschwindigkeit ersetzen:

$$t_1 = \frac{x}{v_B - v_T}$$

Die gleichen Überlegungen stellen wir auch für den Rückweg des Bootes an. Jetzt strömt das Meer in Fahrtrichtung. Aus der Sicht der drei Tankerkapitäne hat das Boot also nicht die Geschwindigkeit v_B, sondern eine um die Strömungsgeschwindigkeit höhere Geschwindigkeit v_2:

$$v_2 = v_B + v_T$$

Damit beträgt die Fahrtdauer t_2 auf dem Rückweg

$$t_2 = \frac{x}{v_2} = \frac{x}{v_B + v_T}$$

Um die gesamte Fahrtzeit des Bootes von der Andromeda zur Berenike und wieder zurück zur Andromeda zu erhalten, müssen die beiden einzelnen Fahrtzeiten zusammengezählt werden:

$$t = t_1 + t_2$$

Für die Hin- und Rückfahrtszeit werden die gerade hergeleiteten Gleichungen eingesetzt:

$$t = \frac{x}{v_B - v_T} + \frac{x}{v_B + v_T}$$

Setzt man in diese Formel die Werte für den Abstand der Tanker und die Geschwindigkeiten ein, ergibt sich die Fahrtzeit zu

$$t = \frac{4 \text{ km}}{50 \text{ km/h} - 30 \text{ km/h}} + \frac{4 \text{ km}}{50 \text{ km/h} + 30 \text{ km/h}} = 0,25 \text{ h} = 15 \text{ min}$$

Das Boot, das quer zur Fahrtrichtung der Tanker fährt, ist also drei Minuten eher zurück als das Boot, das gegen und in Fahrtrichtung fährt. Kehren wir nun zurück zu Albert Michelsons Ätherwindmessung. Michelson würde sagen: »Was für die Boote im Atlantik gilt, muss auch für die Lichtteilchen im Äther richtig sein.« Deshalb baute er sein Experiment ganz ähnlich auf. Er nahm eine Lampe, die einen Strahl von Lichtteilchen genau gegen den Ätherwind aussendet (Bild 7). Die Lichtteilchen treffen nach einer kurzen Strecke auf einen Strahlteiler A. Ein Strahlteiler ist nichts anderes als ein halb durchsichtiger Spiegel, der die ankommenden Lichtteilchen aufteilt: Die eine Hälfte geht ungehindert durch ihn hindurch, und die andere Hälfte wird gespiegelt und läuft nur quer zum Ätherwind weiter. Dieser Strahlteiler, von dem gleichzeitig Lichtteilchen in verschiedene Richtungen abfliegen, entspricht also dem Tanker Andromeda, von dem gleichzeitig Boote in verschiedene Richtungen ablegen. Beide Lichtteilchenhälften treffen nach genau gleich langen Strecken auf die Spiegel B und C. Sie entsprechen den Tankern Berenike und Calliope. Dort werden sie zurückgeworfen und laufen auf ihren alten Bahnen zurück zum Strahlteiler. Der Anteil, der vorher gegen den Ätherwind geflogen ist, fliegt jetzt mit ihm, und der andere Anteil fliegt nach wie vor quer zum

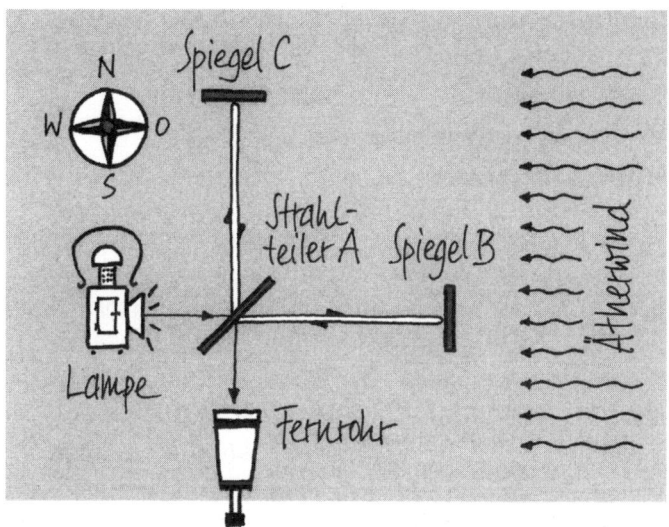

Bild 7: *Das Michelson-Morley-Experiment. Lichtteilchen treffen auf einen Strahlteiler A. Eine Hälfte passiert ihn, die andere Hälfte wird um 90 Grad gespiegelt. Beide Hälften treffen nach gleich langen Strecken auf die Spiegel B und C. Dort werden sie zum Strahlteiler zurückgeworfen. Teile des Lichts gelangen von da aus in ein Fernrohr, wo sie interferieren. Dem ganzen Experiment weht dabei der Ätherwind entgegen.*

Ätherwind. Am Strahlteiler werden die ankommenden Lichtteilchen erneut aufgeteilt. Von beiden Anteilen läuft die Hälfte wieder zur Lampe zurück. Dieser Teil interessiert uns nicht weiter. Die beiden anderen Hälften bewegen sich quer zum Ätherwind vom Strahlteiler aus in ein Fernrohr hinein.

Vergleichen wir einmal die Schiffe im Meer mit den Lichtteilchen im Äther:

Schiffe im Atlantik

Aus Sicht des Leucht- turmwärters ruht das Atlantikwasser.

Die Boote haben eine Ge- schwindigkeit v_B relativ zum Atlantikwasser.

Die drei Tanker haben feste Abstände x zuein- ander.

Aus Sicht des Leucht- turmwärters bewegt sich der Konvoi der drei Tan- ker mit der Geschwindig- keit v_T durch den Atlantik.

Aus Sicht der Tanker strömt das Wasser des Atlantiks mit einer Ge- schwindigkeit v_T den Tankern entgegen.

Aus Sicht der Tanker fährt eines der Boote quer zur Strömung von der An-

Lichtteilchen im Äther

Der Äther ruht.

Die Lichtteilchen haben eine Geschwindigkeit c relativ zum Äther.

Der Strahlteiler und die beiden Spiegel haben feste Abstände x zuein- ander.

Die Erde bewegt sich samt Strahlteiler und den beiden Spiegeln, die fest auf ihr montiert sind, mit der Geschwindigkeit v_E durch den Äther.

Aus Sicht der Erde weht der Äther mit einer Ge- schwindigkeit v_E der Erde entgegen.

Aus Sicht der Erde fliegt ein Teil der Lichtteilchen quer zum Ätherwind vom

dromeda zur Calliope und dann zurück zur Andromeda.

Es braucht dazu die Zeit

$$t = \frac{2x}{\sqrt{v_B^2 - v_T^2}}$$

Aus Sicht der Tanker fährt das andere Boot zuerst gegen die Strömung von der Andromeda zum Tanker Berenike und dann mit der Strömung zurück zur Andromeda. Es benötigt dafür die Zeit

$$t = \frac{x}{v_B - v_T} + \frac{x}{v_B + v_T}$$

Das Boot, das quer zur Strömung fährt, ist eher wieder bei der Andromeda als das andere Boot.

Strahlteiler A zum Spiegel C und dann zurück zum Strahlteiler A.

Er braucht dazu die Zeit

$$t = \frac{2x}{\sqrt{c^2 - v_E^2}}$$

Aus Sicht der Erde fliegt der andere Teil der Lichtteilchen zuerst gegen den Ätherwind vom Strahlteiler A zum Spiegel B und dann mit dem Ätherwind zurück zum Strahlteiler A. Er benötigt dafür die Zeit

$$t = \frac{x}{c - v_E} + \frac{x}{c + v_E}$$

Die Lichtteilchen, die quer zum Ätherwind fliegen, sind eher wieder beim Strahlteiler A als die anderen Lichtteilchen.

Das Lichtteilchen, das seinen Weg über den Spiegel B nimmt, trifft etwas später im Fernrohr ein als das Lichtteilchen, das über den Spiegel C läuft. Dieser Zeitunterschied ist extrem klein, und am Ende des 19. Jahrhunderts gab es keine Uhr, die ihn messen konnte. Nun kam Michelsons geniale Idee zum Zuge. »Ich lasse die beiden Lichtstrahlen interferieren«, sagte er sich. Was meinte er damit?

Wenn zwei Lichtstrahlen gleichzeitig dieselbe Bahn benutzen, vereinigen sie sich zu einem einzigen Strahl. Dies geschieht in Michelsons Experiment mit den beiden Strahlen auf dem Weg vom Strahlteiler zum Fernrohr. Dabei tritt nun der Effekt auf, den die Physiker Interferenz nennen. Es braucht uns an dieser Stelle nicht weiter zu interessieren, was die Interferenz zweier Lichtstrahlen ist. Wichtig ist nur, dass man sie mit dem Fernrohr beobachten und dadurch ganz genau sehen kann, wie viel später die Lichtteilchen eintreffen, die über den Spiegel B gelaufen sind, als die, die den Weg über den Spiegel C genommen haben.

Michelson wusste bei seinem Experiment in Berlin natürlich nicht, aus welcher Richtung der Ätherwind wehte, deshalb baute er die Apparatur drehbar auf. Auf diese Weise konnte er alle Richtungen ausprobieren. Doch die Messapparatur war zu ungenau: Die Abstände zwischen dem Strahlteiler und den Spiegeln waren zu kurz, und ihre Justierung wurde beim Drehen des Instruments immer wieder verstellt. Der Straßenverkehr in Berlin tat ein Übriges. Er war selbst mitten in der Nacht so stark, dass die Vibrationen jede sinnvolle Messung unmöglich machten.

Das so berühmte Experiment gelang erst 1887. Michelson arbeitete an der Case School of Applied Science in Cleveland und tat sich mit dem Chemiker Edward William Morley (1838–1923) von der nahe gelegenen

Western Reserve University zusammen. Gemeinsam verbesserten sie das Experiment und beseitigten die Schwächen des Berliner Versuchs. Sie bauten die Apparatur auf einer großen, massiven Sandsteinplatte auf, die in einem mit Quecksilber gefüllten Trog schwamm. (Quecksilber ist ein bei Raumtemperatur flüssiges Metall, in dem sogar Steine schwimmen können.) Die Strecken zwischen dem Strahlteiler und den Spiegeln konnten auch wesentlich verlängert werden.

Am 8. Juli 1887 war es schließlich so weit: Die Messungen konnten beginnen. An fünf aufeinander folgenden Tagen jeweils um zwölf Uhr und um achtzehn Uhr wurde gemessen. Das Ergebnis überraschte und enttäuschte Michelson und Morley zutiefst, und mit ihnen die ganze naturwissenschaftliche Welt. Ganz egal, in welche Richtungen die zwei Arme des Aufbaus auch zeigten, die Lichtteilchen brauchten immer für beide Wege die gleiche Zeit! Michelson und Morley wiederholten ihr Experiment mehrmals und zu verschiedenen Jahreszeiten, aber das Ergebnis blieb das gleiche: Ein Ätherwind war nicht nachzuweisen.

Michelson und Morley betrachteten ihre Messung als gescheitert, und doch war sie für die Wissenschaft ein großer Erfolg. Noch niemals in der Geschichte der Physik sollte ein negativ verlaufenes Experiment so weit reichende Folgen haben wie in diesem Fall. Michelson und Morley ahnten 1887 nicht, welche unvorstellbaren Konsequenzen Einstein wenige Jahre später aus ihrem Experiment ziehen würde.

Warum scheiterte das Michelson-Morley-Experiment? An Erklärungsversuchen fehlte es damals nicht.

Die einfachste Erklärung war, die Erde steht still und der Rest des Universums dreht sich auf komplizierten Bahnen um sie herum. Diese Deutung des Experiments erfreute zwar eine kleine Gruppe Ewiggestriger, aber wissenschaftlich war sie unhaltbar.

Eine andere Möglichkeit wurde von Michelson selbst vorgeschlagen. »Der Äther wird von der Erde mitgerissen, so wie die Luft in einem geschlossenen Eisenbahnwaggon. Dadurch fand das Experiment im relativ zur Erde ruhenden Äther statt.« Doch durch andere Versuche, die er selbst durchführte, stellte sich auch diese Theorie als falsch heraus.

Die wohl erstaunlichste Erklärung wurde von dem irischen Physiker George Francis Fitzgerald (1851 bis 1901) vorgeschlagen. »Vielleicht«, so sagte er, »bläst der Ätherwind so stark gegen alle Dinge, die sich ihm entgegenstellen, dass sie in Windrichtung ein wenig zusammengedrückt werden.« Dadurch wäre in dem Michelson-Morley-Experiment der Abstand zwischen dem Strahlteiler und dem Spiegel B etwas kürzer geworden, und folglich hätte ein Lichtteilchen auf diesem Weg weniger Zeit benötigt. Nach Fitzgeralds Idee sollte die Schrumpfung gerade so groß sein, dass die Flugzeiten der Lichtteilchen quer und längs zum Ätherwind gleich lang wurden.

Man könnte nun einwenden, dass sich diese Erklärung doch leicht überprüfen lässt, indem man die Längen einfach nachmisst. Leider funktioniert dies nicht, denn auch das Maßband wird um den gleichen Faktor kürzer, sobald man es in Richtung des Ätherwindes an einen Gegenstand legt. Auch jede andere Messmethode scheitert aus demselben Grund, denn Messen bedeutet ja nichts anderes als Vergleichen mit einer anderen Länge, und wenn alle Längen um den gleichen Faktor in Richtung des Ätherwindes schrumpfen, so gibt es keine Möglichkeit, dies festzustellen. Wir sind also wieder bei Poincarés Gedankenexperiment gelandet.

Seit dem Scheitern des Michelson-Morley-Experiments war den Physikern nicht mehr ganz wohl, wenn sie an den Äther dachten. Wie sollten sie sich das vorstellen? Die Eigenschaften des Äthers mussten gerade so sein, dass es unmöglich ist, ihn zu bemerken. Der große englische Mathematiker und Philosoph Bertrand Russell (1872–1970) beschrieb diese Situation durch den Gesang des weißen Ritters aus Lewis Carrolls Kinderbuch »Alice hinter den Spiegeln«:

> *»Doch mich beschäftigte ein Plan,*
> *den Bart mir grün zu färben*
> *und ihn mit einem Fächer dann*
> *den Blicken zu verbergen.«*

Achtzehn Jahre vergingen nach dem berühmten Experiment von Albert Michelson und Edward Morley, in denen Dutzende von Erklärungsversuchen für das Misslingen der Messung gemacht wurden. Doch keiner befriedigte die Physiker. Bis schließlich 1905 der völlig unbekannte 26-jährige Assistent des Schweizer Patentamtes Albert Einstein auf den Plan trat und der wissenschaftlichen Welt die Lösung präsentierte.

Bevor wir uns nun mit Einsteins Theorie beschäftigen, werden wir uns ein Stück weit den Lebensweg des jungen Genies ansehen.

Albert Einstein: Das junge Genie

Hermann und Pauline Einstein waren jüdischer Abstammung. Sie lebten in Ulm, als ihr Sohn Albert am 14. März 1879 geboren wurde. Ein Jahr später verließ die Familie die Stadt und zog nach München. Dort gründeten Hermann Einstein und sein Bruder Jakob die »Electro-technische Fabrik J. Einstein & Cie. München«. Im Jahr darauf kam Alberts Schwester Maja zur Welt. Die beiden blieben die einzigen Kinder der Einsteins.

Pauline Einstein stammte aus einer gut situierten Familie. Sie weckte in ihrem Sohn früh die Liebe zur Musik. Schon mit sechs Jahren fing Albert an, Geigenunterricht zu nehmen, und als Erwachsener war er ein recht passabler Amateurmusiker. Onkel Jakob war Ingenieur, und als Albert sieben Jahre alt war, begann er den Neffen in Algebra zu unterrichten. Später kam auch die Geometrie hinzu.

Eine jüdische Volksschule gab es in München nicht, darum besuchte Albert die katholische Sankt-Peters-Schule. Er hatte hervorragende Noten, obwohl er schon als Kind eine große Abneigung gegen den Drill und die Rohrstock-Didaktik hatte, die damals an Deutschlands Schulen üblich waren. Als Erwachsener sprach er von seinen Volksschullehrern immer nur als von den Feldwebeln.

Ab 1888 ging Albert zum Luitpold-Gymnasium. Die Behauptung, die man immer wieder in der Presse und auch in vielen Büchern findet, dass Einstein ein schlechter Schüler gewesen sei, ist falsch. Er war der mit Abstand Jüngste in seiner Klasse und hatte trotzdem immer gute bis sehr gute Noten.

Als Zwölfjähriger begann Albert intensiv über den Satz des Pythagoras nachzudenken. Er sagte später einmal darüber: »Nach harter Mühe gelang es mir, diesen Satz auf Grund der Ärmlichkeit von Dreiecken zu ›beweisen‹.« Die Einsteins gewährten, wie es damals unter jüdischen Familien Brauch war, einem armen Medizinstudenten einen Freitisch. Dieser Student, Max Talmey, dankte es, indem er den dreizehnjährigen Albert in Mathematik, Physik und Philosophie einführte.

Die Fabrik der beiden Einstein-Brüder, in der hauptsächlich elektrische Generatoren hergestellt wurden, gehörte jahrelang zu den führenden elektrotechnischen Firmen in Süddeutschland. Als 1892 in München die elektrische Straßenbeleuchtung eingeführt werden sollte, bewarb sie sich neben der AEG, Siemens & Halske und Schuckert & Co. um den sehr großen Auftrag. Einstein & Cie. bekam ihn jedoch nicht, und von da an ging es bergab mit dem Unternehmen. Schließlich wurde die Firma nach Oberitalien verlegt, wo man sich bessere Chancen erhoffte. Im Sommer 1894 zog dann auch die Familie Einstein nach Mailand.

Albert blieb in München zurück, um noch die drei letzten Klassen des Gymnasiums zu absolvieren. Er hatte jedoch Probleme mit seinem Klassenlehrer, und kurz vor Weihnachten 1894 kam es zu einem Wortwechsel, den Einstein später so beschrieb: »Auf meine Bemerkung, dass ich mir nichts hätte zu Schulden kommen lassen, antwortete er: ›Ihre bloße Anwesenheit verdirbt mir den Respekt in der Klasse!‹« Daraufhin brach Albert die Schule ab und fuhr nach Mailand zu seinen Eltern. Sein Vater stellte für ihn einen Antrag auf Entlassung aus der deutschen Staatsbürgerschaft und Albert trat auch aus der jüdischen Glaubensgemeinschaft aus.

Ein Jahr lang tat Albert im Grunde gar nichts, dann bewarb er sich an der Eidgenössischen Polytechnischen Hochschule in Zürich um einen Studienplatz. Da er kein Abitur hatte, musste er eine Aufnahmeprüfung machen. Sie bestand aus zwei Teilen, aus einem allgemein bildenden und aus einem mathematisch-naturwissenschaftlichen. Albert bestand nur den zweiten Teil und durfte sein Studium nicht beginnen, ohne vorher das Abitur nachzuholen. Also schrieb er sich am Gymnasium in Aarau ein, einer 50 Kilometer westlich von Zürich liegenden Kleinstadt, und schaffte das Abitur innerhalb eines Jahres.

Endlich konnte er 1896 am Züricher Polytechnikum sein Studium beginnen. Es folgten vier unauffällige Jahre, bis er im August 1900 sein Diplom als »Fachlehrer für Mathematik und Physik« mit der Durchschnittsnote 4,91 machte. (Die bestmögliche Zensur wäre 6,00 gewesen.) Mit dieser Note hätte er normalerweise Assistent bei einem der Professoren werden können. Viele seiner Kommilitonen erhielten auch eine solche Stelle, aber Einstein, der sich bei jedem Professor bewarb, bekam nur Absagen. Das lag weniger an seinen geistigen Fähigkeiten als an seiner Persönlichkeit. »Sie sind ein schlauer Bursche«, sagte einmal einer seiner Professoren. »Aber Sie haben einen Fehler. Sie lassen sich nie etwas sagen!« Einstein beschrieb sich später selbst in seiner Züricher Zeit als »reserviert und mürrisch, nicht sehr beliebt«.

Nachdem ihn alle Professoren des Polytechnikums und viele andere Professoren in halb Europa als Assistent abgelehnt hatten, trat er nach und nach eine ganze Reihe kleinerer unbefriedigender Aushilfsstellen an. Doch er war auch öfter arbeitslos. Dennoch hatte Einstein in den beiden ersten Jahren nach seinem Studienende auch einige Erfolge: Er veröffentlichte seine erste wissenschaftliche Arbeit. Sie hieß »Folgerungen aus den Kapillaritätserscheinungen« und erschien 1900 in den »Annalen der Physik«. Und er erhielt 1901 die Schweizer Staatsbürgerschaft.

Marcel Großmann, ein Studienfreund, half ihm schließlich weiter. Großmanns Vater war mit Friedrich Haller, dem Direktor des Schweizer Patentamtes, befreundet. Es gelang ihm, Haller zu überreden, bei der nächsten im Patentamt frei werdenden Stelle Einstein zu einem Vorstellungsgespräch zu bitten. Nach einiger Zeit wurde Einstein auch tatsächlich eingeladen. Er hatte Glück: Am 23. Juni 1902 trat er als »Technischer Experte III. Klasse« seinen Dienst im Patentamt in Bern an.

Am Polytechnikum hatte Einstein die vier Jahre ältere Mileva Marić kennen gelernt. Sie besaß die ungarische Staatsangehörigkeit, war aber der Sprache nach Serbin. Mileva Marić hatte genau wie Einstein Physik und Mathematik studiert. Aus der Bekanntschaft war bald eine enge Freundschaft geworden, mit der jedoch Einsteins Mutter gar nicht einverstanden war. Im Januar 1902 brachte Mileva bei ihren Eltern in Novi Sad ein

Mädchen, Lieserl, zur Welt. Von diesem unehelichen Kind hat man später nie wieder etwas gehört. Wahrscheinlich wurde es, vermutlich auf Einsteins Drängen, zur Adoption freigegeben.

Am 6. Januar 1903 heirateten Albert Einstein und Mileva Marić. Noch im selben Jahr wurde ihr Sohn Hans Albert geboren. In diesen Jahren am Berner Patentamt führte Einstein das Leben eines kleinen, schlecht bezahlten Beamten. Während seines langen Arbeitstages im Patentamt setzte er sich mit den praktischen Seiten der Naturwissenschaften auseinander, aber am Abend zu Hause stürzte er sich in die theoretische Physik. Mehrere wissenschaftliche Arbeiten in den »Annalen der Physik« stammen aus dieser Zeit.

Das Jahr 1905 wurde ein denkwürdiges Jahr für die Wissenschaft. Die Physiker bezeichneten es später als Einsteins »Annus mirabilis«, als Jahr der Wunder. Albert Einstein veröffentlichte in diesem Jahr fünf Arbeiten. Die erste trug den Titel »Eine neue Bestimmung der Moleküldimensionen« und war seine Doktorarbeit an der Universität Zürich. Die zweite hieß »Über einen die Erzeugung und Verwandlung des Lichts betreffenden heuristischen Gesichtspunkt« und brachte ihm den Nobelpreis des Jahres 1921. Mit seiner dritten Arbeit »Über die von der molekularkinetischen Theorie der Wärme geforderte Bewegung von in ruhenden Flüssigkeiten suspendierten Teilchen« bestätigte er die Existenz von Molekülen. Dies war jedoch schon einige Jahre vorher dem amerikanischen Physiker Josiah Willard Gibbs (1839–1903) gelungen, was Einstein aber nicht wusste. Seine vierte Arbeit hatte den kurzen Titel »Zur Elektrodynamik bewegter Körper« und sollte seinen Weltruhm begründen. Sie enthält die Spezielle Relativitätstheorie. In seiner fünften, nur drei Seiten langen Arbeit »Ist die Trägheit eines Körpers von seinem Energieinhalt abhängig?« schrieb er zum ersten Mal seine berühmte Formel $E = mc^2$ nieder.

Dieses Buch handelt von Einsteins letzten beiden Arbeiten des Jahres 1905.

Die Relativitätstheorie stieß langsam, aber sicher bei den Physikern auf Interesse. Max Planck (1858 bis 1947), der in Berlin einen Lehrstuhl für Theoretische Physik hatte und 1919 den Nobelpreis erhielt, erkannte ihre Bedeutung als Erster. Schon 1906 hielt er auf der damals wichtigsten wissenschaftlichen Konferenz, der »Jahresversammlung der deutschen Naturforscher und Ärzte«, einen Vortrag über die Relativitätstheorie. Die späteren Nobelpreisträger Max von Laue (1879–1960) und Max Born (1882–1970) besuchten Einstein in Bern, um sich gründlich über die neuen Ideen zu informieren. Sein ehemaliger Mathematikprofessor aus Zürich, Hermann Minkowski (1864 bis 1909), der inzwischen Professor in Göttingen geworden war, beschäftigte sich eingehend mit der Relativitätstheorie und wurde einer ihrer begeistertsten Anhänger. Arnold Sommerfeld (1868–1951), Professor für Theoretische Physik an der Universität München, hielt noch 1906 auf der »Jahresversammlung der deutschen Naturforscher und Ärzte«, die Relativitätstheorie für falsch, aber seit 1907 war er von ihr zutiefst überzeugt und wurde später einer der treuesten Freunde Einsteins.

Obwohl die Relativitätstheorie unter Physikern inzwischen ziemlich bekannt war, hatte kaum einer von ihnen Einstein persönlich kennen gelernt. Denn zu wissenschaftlichen Tagungen konnte er nicht reisen, da seine Arbeit im Berner Patentamt ihm keine Zeit dazu ließ. Immer noch saß er sechs Tage pro Woche täglich acht Stunden an seinem Pult und bearbeitete Patentanträge. Es ist ein Treppenwitz der Geschichte, dass die wohl größte wissenschaftliche Entdeckung des 20. Jahrhunderts von einem Freizeit-Physiker gemacht wurde! Übrigens war Einstein am 1. April 1906 zum »Experten II. Klasse« befördert worden, was jedoch nichts mit seiner Relativitätstheorie zu tun hatte, sondern nur mit seiner Arbeit im Patentamt.

Am 15. Januar 1906 erhielt Einstein seinen Doktorgrad. Nun strebte er eine Professur an. Doch der Weg dorthin war steinig. Zunächst einmal musste man sich habilitieren. Dies war normalerweise mit dem Schreiben einer größeren wissenschaftlichen Arbeit, der Habilitationsschrift, verbunden. Dann konnte man sich um eine unbezahlte Privatdozentur bewerben, die Voraussetzung war, um in eine Fakultät einer Universität aufgenommen zu werden. Erst danach konnte man zum außerordentlichen Professor und schließlich, als Krönung der akademischen Laufbahn, zum ordentlichen Professor berufen werden.

1907 reichte Einstein sein Habilitationsgesuch bei der Universität Bern ein. Statt einer Habilitationsschrift legte Einstein siebzehn Veröffentlichungen bei, unter anderem die über die Relativitätstheorie. Nach den Richtlinien hätten diese Veröffentlichungen eine Habilitationsschrift ersetzt, wenn sie einen wesentlichen Beitrag zum Fortschritt der Wissenschaft darstellten. Aber Einsteins Gesuch wurde abgelehnt; die Universität bestand auf einer Habilitationsschrift. Also verfasste Einstein doch noch die geforderte Habilitationsarbeit und wurde dann schließlich 1908 in Bern zum Privatdozenten ernannt. Schon im Mai 1909 berief man Einstein in Zürich zum außerordentlichen Professor. Er kündigte seine Stelle am Patentamt in Bern und begann im Herbst 1909 seine Lehrtätigkeit an der Universität Zürich. Im selben Jahr trat er auch erstmals an die wissenschaftliche Öffentlichkeit: Er hielt einen Vortrag auf der »Jahresversammlung der deutschen Naturforscher und Ärzte« in Salzburg.

1910 wurde Eduard geboren, der zweite Sohn von Albert Einstein und Mileva Einstein-Marić.

Einstein blieb nur drei Semester lang in Zürich. Als an der Deutschen Universität in Prag eine ordentliche Professur für Theoretische Physik frei wurde, bewarb er sich und erhielt die Stelle. Im März 1911 zog er mit seiner Frau und seinen beiden Söhnen nach Prag. Doch er fühlte sich in der böhmischen Stadt nicht recht wohl, und als ihm die Züricher Hochschule eine ordentliche Professur anbot, nahm er sie gerne an und zog mit seiner Familie im August 1912 zurück in die Schweiz.

An dieser Stelle verlassen wir Albert Einsteins Lebensgeschichte für einige Kapitel und beschäftigen uns mit dem, was ihn zu einem der größten Physiker aller Zeiten gemacht hat.

Konstanz der Lichtgeschwindigkeit

Kehren wir wieder zurück zu dem berühmten Experiment von Albert Michelson und Edward Morley.

Achtzehn Jahre waren inzwischen verstrichen und noch immer hatte niemand eine Erklärung dafür gefunden, warum man den Ätherwind nicht messen konnte. Auch Albert Einstein suchte in seiner Freizeit nach einer Lösung des Problems. 1905 schließlich kam ihm der entscheidende Gedanke.

»Warum akzeptieren wir nicht einfach, was wir messen?«, fragte Einstein. »Warum suchen wir einen Messfehler, wenn keiner da ist?«

Christiaan Huygens hatte den Äther erfunden, um ein Medium zu haben, in dem sich das Licht ausbreiten kann. Nur das Licht und sonst nichts und niemand auf der Welt sollte etwas vom Äther spüren können. Die einzige Möglichkeit, etwas über ihn zu erfahren, ist, den Einfluss des Ätherwindes auf die Lichtgeschwindigkeit zu messen. Diese Messungen ergeben aber jedes Mal, dass der Ätherwind gar keinen Einfluss auf die Lichtgeschwindigkeit hat. Das bedeutet, es ist unmöglich, auch nur irgendetwas über den Äther zu erfahren!

»Wenn es prinzipiell unmöglich ist, festzustellen, ob es den Äther überhaupt gibt und welche Eigenschaften er hat, dann taugt er nicht als physikalische Theorie«, sagte Einstein. »Es ist dann besser, auf ihn zu verzichten.«

Und damit war auch der letzte der vielen Äther, die es einmal gegeben hatte, verschwunden. Doch Einsteins

Verzicht auf den Lichtäther ist nicht umsonst zu haben. Er zieht einen ganzen Rattenschwanz von Konsequenzen hinter sich her, die den »gesunden Menschenverstand« auf eine harte Probe stellen.

In der Vorstellung vieler Völker der Antike war die Erde eine flache, runde Scheibe, in deren Mitte ihr eigenes Reich lag. Diese Vorstellung konnte natürlich nur für ein einziges Land richtig und musste für alle anderen Länder falsch sein. Als man dann erkannte, dass die Erde eine Kugel ist, deren Oberfläche keinen Rand und deshalb auch keinen Mittelpunkt hat, da gab es plötzlich kein »Reich der Mitte« und keinen »Nabel der Welt« mehr. Kein Land lag mehr im Zentrum der Welt, oder jedes Land konnte sich mit gleichem Recht als Mittelpunkt der Erdoberfläche betrachten. Von diesem Recht wird auch heute noch Gebrauch gemacht: Auf europäischen Weltkarten liegt Europa etwa in der Mitte und auf amerikanischen Karten Amerika.

Der Äther sollte nicht nur das Ausbreitungsmedium für Licht sein, sondern auch im Zustand absoluter Ruhe das ganze Weltall ausfüllen. Wenn aber nun der Äther nicht existiert, so gibt es konsequenterweise auch nichts mehr, was absolut ruht.

Man kann es auch anders ausdrücken: Ohne Äther kann jeder mit dem gleichen Recht von sich behaupten: »Ich bin der ruhende Pol des Weltalls, und alle anderen bewegen sich!«

Dieser Gedanke fällt uns schwer. Im Grunde stellen wir uns das Universum als einen riesigen Raum mit festen Außenwänden vor, auch wenn uns dies meistens nicht bewusst ist. Alles, was sich im Universum befin-

det, hat eine absolute Geschwindigkeit, denn es gibt ja
die festen Außenwände, die zum Vergleich dienen.
Wenn wir alles aus dem Universum entfernen könnten,
blieben immer noch die festen Außenwände übrig.
Diese Vorstellung ist aber falsch. Es gibt keine festen
Außenwände des Universums, und wenn man alles aus
dem Universum herausnähme, so bliebe nichts übrig,
auch kein leerer Weltraum.

Wie absurd die Vorstellung ist, es bliebe ein leeres
Weltall übrig, wenn man alles aus ihm herausnähme,
wird einem recht bewusst, wenn man an die Cheshire-
Katze aus Lewis Carrolls Kinderbuch »Alice im Wun-
derland« denkt. Diese Katze sitzt auf einem Baum und
grinst. Dann verschwindet sie ganz allmählich, von der
Schwanzspitze angefangen bis hinauf zu den Schnurr-
barthaaren. Zurück bleibt das Grinsen!

Einsteins Idee, auf den Äther zu verzichten, mag man
vielleicht noch akzeptieren, doch die zweite Kröte ist
schwerer zu schlucken. Er behauptet: »Wenn man immer die gleiche Lichtgeschwindigkeit misst, ganz egal,
was man auch macht, dann kann das nur bedeuten: Der
Geschwindigkeitsunterschied zwischen einem selbst
und den Lichtteilchen beträgt prinzipiell immer
299 792 458 m/s.«

Was heißt das? Betrachten wir einmal die beiden
Raumschiffe Argo und Hades, die durch die unend-
lichen Weiten des Weltraums fliegen. Von einem fernen
Stern kommt ein Lichtteilchen und saust an den beiden
Raumschiffen vorbei. Kapitän Jason im Raumschiff
Argo *(Bild 8, oben)* sagt mit gutem Recht: »Ich bewege
mich nicht vom Fleck.« Er misst die Geschwindigkeit

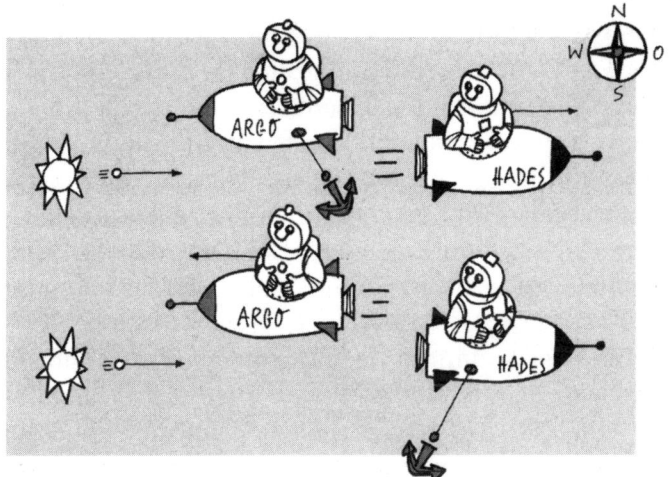

Bild 8: *Kapitän Jason betrachtet sich und sein Raumschiff Argo als ruhend. Er sieht ein Lichtteilchen mit der Geschwindigkeit 299 792 458 m/s und das Raumschiff Hades mit der Geschwindigkeit 100 000 000 m/s nach Osten fliegen (oben), Kapitän Charon hingegen betrachtet sich und sein Raumschiff Hades auch als ruhend. Er sieht dasselbe Lichtteilchen auch mit der Geschwindigkeit 299 792 458 m/s nach Osten und das Raumschiff Argo mit 100 000 000 m/s nach Westen fliegen (unten).*

des Lichtes und die des Raumschiffs Hades und stellt fest: »Das Licht und die Hades fliegen beide nach Osten. Die Geschwindigkeit des Lichts beträgt 299 792 458 m/s und die der Hades 100 000 000 m/s.«

Kapitän Charon im Raumschiff Hades *(Bild 8, unten)* sagt mit dem gleichen Recht wie Kapitän Jason: »Ich bewege mich nicht vom Fleck.« Seine Messung ergibt, wie wir auch nicht anders erwarten würden, dass die Argo mit einer Geschwindigkeit von 100 000 000 m/s nach Westen fliegt. Das Überraschende ist nun jedoch, er stellt genau wie auch Kapitän Jason fest, dass das Licht mit einer Geschwindigkeit von 299 792 458 m/s nach Osten fliegt! Anders formuliert: Beide Kapitäne kommen zu dem Ergebnis: »Der Geschwindigkeitsunterschied zwischen dem Licht und mir beträgt 299 792 458 m/s.«

Die Beobachtungen der beiden Astronauten stehen im krassen Gegensatz zu dem, was wir bisher über Geschwindigkeiten gelernt haben. Angenommen, die Messungen von Kapitän Jason wären richtig, dann hätte nach diesen Überlegungen Kapitän Charon eigentlich eine Lichtgeschwindigkeit von 299 792 458 m/s − 100 000 000 m/s = 199 792 458 m/s feststellen müssen. Selbst wenn Kapitän Jason in der Argo messen würde, dass die Hades mit 99,999 Prozent der Lichtgeschwindigkeit nach Osten fliegt, so würde Kapitän Charon in der Hades trotzdem feststellen, dass das Licht des Sterns ihn mit einer Geschwindigkeit von 299 792 458 m/s überholt. Das widerspricht zwar völlig unseren Alltagserfahrungen über Geschwindigkeiten und ist schlechtweg unvorstellbar, aber die Natur ist nun einmal so, und deshalb müssen wir uns an den Gedanken gewöhnen.

Betrachten wir die Situation noch einmal in der klassischen Sichtweise, aber diesmal mit Kapitän Charons Augen. Angenommen, Charons Geschwindigkeitsmessungen des Lichtes und der Argo wären korrekt, dann hätte Kapitän Jason eigentlich eine Lichtgeschwindigkeit von

299 792 458 m/s + 100 000 000 m/s = 399 792 458 m/s feststellen müssen. Trotzdem misst Jason, wie wir wissen, nur eine Lichtgeschwindigkeit von 299 792 458 m/s.

Nachdem das Lichtteilchen an der Hades vorbeigesaust ist, möchte Kapitän Charon es einfangen. Er schaltet die Triebwerke seines Raumschiffes ein und fliegt ihm hinterher, immer schneller und schneller werdend. Kann er es einholen? Nein, niemals! Es ist fast wie beim Wettlauf zwischen Hase und Igel: So sehr Kapitän Charon auch die Hades beschleunigt, das Lichtteilchen ist doch immer um genau 299 792 458 m/s schneller.

Nun kann man natürlich nicht nur einfach behaupten, die Lichtgeschwindigkeit sei immer gleich groß, aber den Rest des riesigen Gebäudes der Physik so belassen, wie es seit Jahrhunderten war. Diese kleine Änderung hat zur Folge, dass man auch fast alle anderen Grundbegriffe der Physik verändern muss.

Zeitdehnung

Das Michelson-Morley-Experiment verhielt sich für die wissenschaftliche Welt am Ende des 19. Jahrhunderts so völlig unerwartet, weil sie von der Existenz des Äthers überzeugt waren und glaubten, die Lichtgeschwindigkeit würde sich ebenso verhalten wie die Geschwindigkeit von Zügen, Schaffnern und Schiffen. Von der Konstanz der Lichtgeschwindigkeit ahnten sie nichts.

Untersuchen wir also nun noch einmal das Experiment von Albert Michelson und Edward Morley unter den Annahmen von Albert Einstein. Da es keinen Äther gibt, betrachten wir mit gutem Recht das Labor in Cleveland samt Michelson und seinem Experimentiertisch als den ruhenden Pol des Universums. Alle physikalischen Größen, denen diese Sichtweise zu Grunde liegt, versehen wir mit dem Index L (für Labor). Der Strahlteiler und die beiden Spiegel sind nach dieser Annahme in Ruhe. Nun kann das Experiment beginnen:

Zwei Lichtteilchen starten gleichzeitig am Strahlteiler A und legen jeweils eine Strecke der Länge a_L bis zu den Spiegeln B und C zurück *(Bild 9)*. Beide Lichtteilchen werden reflektiert und durchfliegen auf dem Rückweg wieder eine Strecke a_L. Sie legen also jeweils insgesamt einen Weg von $2a_L$ zurück und kommen gleichzeitig wieder am Strahlteiler an. Wenn jedes der beiden Lichtteilchen für den Weg vom Strahlteiler zum Spiegel und zurück die Zeit t_L benötigt, so beträgt die Lichtgeschwindigkeit

$$c_L = \frac{2a_L}{t_L}$$

Da wir nun wissen, die Lichtgeschwindigkeit hat immer den Wert $c = 299\,792\,458$ m/s, nicht nur aus Michelsons Sicht, sondern aus jedermanns Sicht, dürfen wir den Index L fortlassen und c_L durch c ersetzen:

$$c = \frac{2a_L}{t_L}$$

Soweit ist noch alles wie bisher.

Während Michelson sein Experiment durchführt, fährt ein Zug mit extrem hoher Geschwindigkeit von Osten nach Westen an dem Labor vorbei. Die Schienen verlaufen parallel zur Bahn des Lichtteilchens zwi-

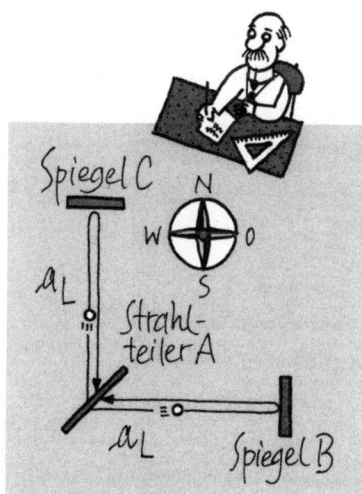

Bild 9: *Der Weg zweier Lichtteilchen im Michelson-Morley-Experiment aus Michelsons Sicht. Beide Teilchen starten gleichzeitig am Strahlteiler, fliegen beide bis zu den Spiegeln und zurück einen gleich langen Weg und kommen wieder gleichzeitig am Strahlteiler an.*

schen dem Spiegel B und Strahlteiler A. In dem Zug sitzt Edward Morley, der einen Tag Urlaub genommen hat, und beobachtet durch das Zugfenster das Experiment seines Kollegen.

Morley sagt sich mit dem gleichen Recht wie Michelson: »Ich bin der ruhende Pol des Universums. Mein Zug steht still, und der Rest des Weltalls bewegt sich.« Und er sieht das Labor samt Experiment und Michelson mit der Geschwindigkeit v_Z von Westen nach Osten an seinem Zugfenster vorbeifliegen. (Alle physikalischen Größen, denen Morleys Sicht zu Grunde liegt, bekommen den Index Z für Zug.)

In der Zeit, in der die beiden Lichtteilchen zwischen dem Strahlteiler und den zwei Spiegeln hin- und herfliegen, bewegt sich das ganze Experiment mit der Geschwindigkeit v_Z von Westen nach Osten. Für Morley also sieht die Messung durch das Zugfenster etwa so aus, wie sie in *Bild 10* skizziert ist.

Michelson und Morley sehen beide das Licht vom Strahlteiler A zum Spiegel C und wieder zurück zum Strahlteiler A laufen. Für Michelson fliegt das Lichtteilchen beim Hin- und Rückweg auf derselben Bahn, während Morley einen Zickzackweg sieht. Für Morley ist deshalb der Lichtweg länger als für Michelson. Für beide gilt natürlich

$$\text{Geschwindigkeit} = \frac{\text{zurückgelegter Weg}}{\text{dazu benötigte Zeit}}$$

Der große Physiker Isaac Newton, der vor mehr als 300 Jahren die theoretischen Grundlagen der klassi-

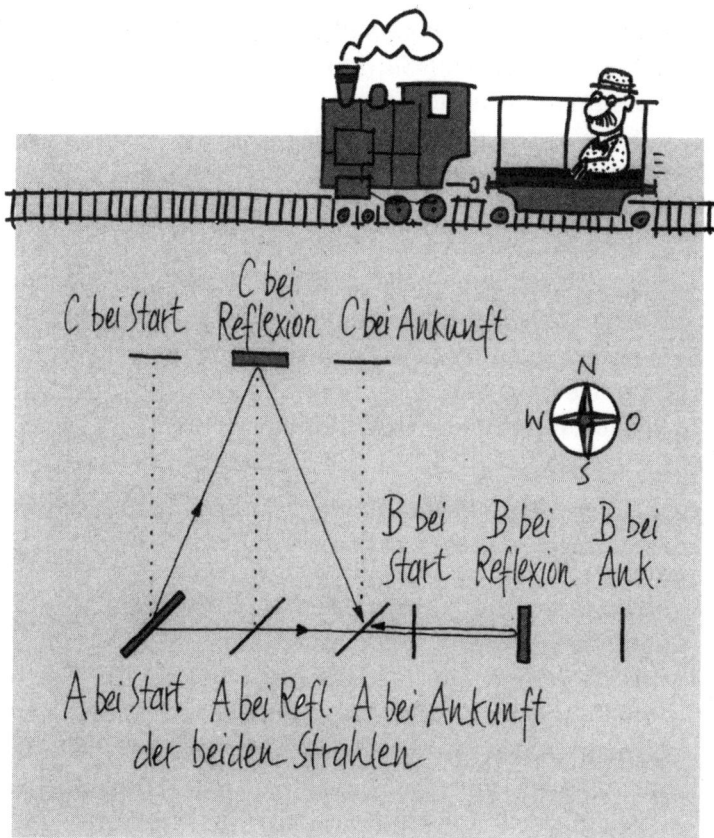

Bild 10: *Der Weg zweier Lichtteilchen im Michelson-Morley-Experiment aus Morleys Sicht. Beide Teilchen starten gleichzeitig am Strahlteiler, fliegen beide bis zu den Spiegeln und kommen wieder gleichzeitig am Strahlteiler an. Da sich das ganze Experiment währenddessen aber nach Osten bewegt, fliegt eines der Teilchen eine Zickzackbahn, die länger ist als die Bahn, die Michelson misst.*

schen Physik schuf, würde auf diese Gleichung verweisen und damit die Beobachtungen von Michelson und Morley so erklären: »Sowohl aus Michelsons Sicht als auch aus Morleys Sicht ist das Lichtteilchen gleich lange unterwegs. Wenn also der Weg länger wird, aber die dazu benötigte Zeit gleich bleibt, dann ist die Geschwindigkeit größer geworden. Folglich muss Morley eine höhere Lichtgeschwindigkeit messen als Michelson.«

Da es aber nun einmal eine unumstößliche Tatsache ist, dass Morley keine höhere Lichtgeschwindigkeit misst, sondern genau die gleiche wie Michelson, muss Newtons Folgerung falsch sein.

Wie kann man die Geschwindigkeit als

$$\text{Geschwindigkeit} = \frac{\text{zurückgelegter Weg}}{\text{dazu benötigte Zeit}}$$

belassen und trotzdem die Beobachtungen von Morley und Michelson richtig erklären?

Der englische Schriftsteller Arthur Conan Doyle ließ 1890 in seinem Roman »Im Zeichen der Vier« Sherlock Holmes zu Dr. Watson sagen: »Wie oft habe ich dir schon gesagt, dass das, was übrig bleibt, wenn du das Unmögliche ausgeschlossen hast, die Wahrheit sein muss, so unwahrscheinlich es auch erscheinen mag?«

Fünfzehn Jahre nach dem Erscheinen des Romans wandte Einstein diesen Gedanken auf die Physik an. Er berief sich auch auf die Gleichung

$$\text{Geschwindigkeit} = \frac{\text{zurückgelegter Weg}}{\text{dazu benötigte Zeit}}$$

Isaac Newton

Isaac Newton wurde am 4. Januar 1643 als Sohn eines Gutsbesitzers in dem englischen Ort Woolsthorpe geboren. Von 1661 bis 1668 studierte er an der Universität Cambridge Naturwissenschaften. Im Jahre 1669 wurde er als Nachfolger seines Lehrers Isaac Barrow zum Professor auf den Lucas-Lehrstuhl berufen. Drei Jahre später wurde er Mitglied der hoch angesehenen Royal Society. 1686 übernahm er das Amt eines Aufsehers der Königlichen Münze und wurde 1699 zu ihrem Direktor ernannt. Für die Verdienste um die Münze wurde er 1705 geadelt. Außerdem wählte ihn die Royal Society zu ihrem Präsidenten.

Newton begann sein wissenschaftliches Werk mit Arbeiten zur Mathematik. Er entwickelte etwa zeitgleich mit Gottfried Wilhelm Leibniz (1646–1716) und unabhängig von diesem die Infinitesimalrechnung. Im Jahre 1666 formulierte er sein berühmtes Gravitationsgesetz: Die Kraft, mit der ein Körper einen anderen anzieht, ist proportional zu den Massen dieser beiden Körper und umgekehrt proportional zu dem Quadrat ihres Abstandes. 1672 veröffentlichte Newton die Ergebnisse seiner optischen Experimente, die er zwischen 1656 und 1666 durchgeführt hatte. Er hatte unter anderem festgestellt, dass sich weißes Sonnenlicht aus Licht der verschiedenen Regenbogenfarben zusammensetzt.

Im Jahre 1687 erschien sein Hauptwerk, die »Philosophiae naturalis principia mathematica«. Es enthielt seine drei berühmten Gesetze: das Trägheitsgesetz, das dynamische Grundgesetz und das Reaktionsgesetz.

Vor Newton herrschte die Überzeugung, dass auf der Erde und am Himmel verschiedene physikalische Gesetze gelten. Newton übertrug nun seine auf der Erde gewonnenen Gesetze auf die Sterne und Planeten. Mit seinen drei Gesetzen aus den »Principia« und dem Gravitationsgesetz gelang es ihm, die Planetenbewegungen nicht nur zu beschreiben, wie es die Astronomen vor ihm nur konnten, sondern zu erklären. Dies war ein grandioser Erfolg für die Wissenschaft und gehört zu den größten Leistungen des menschlichen Geistes.

In den Jahren 1704 und 1707 erschienen noch die Bücher »Opticks« über Optik und »Arithmetica universalis« über Mathematik.

Sir Isaac Newton starb am 31. März 1727 in London.

und sagte: »Für Michelson und für Morley ist das Licht immer gleich schnell. Wenn also der zurückgelegte Weg länger wird, aber die Geschwindigkeit sich nicht ändert, dann gibt es nur noch eine Möglichkeit, damit die Gleichung richtig bleibt: Die dazu benötigte Zeit muss im gleichen Maße länger werden wie der zurückgelegte Weg.«

Was bedeutet dies? Zwei Menschen, die sich mit unterschiedlichen Geschwindigkeiten bewegen, beobachten ein und denselben Vorgang. Die beiden messen verschiedene Zeiten für die Dauer dieses einen Vorganges. Folglich verstreicht die Zeit für die beiden unterschiedlich schnell! Was also für Michelson in seinem Labor mit normaler Geschwindigkeit stattfindet, läuft aus Morleys Sicht in Zeitlupe ab.

Diese Folgerung steht im totalen Gegensatz zu unseren Vorstellungen über die Zeit. Nach unserer alltäglichen Erfahrung sind wir der Ansicht, Zeit verstreicht überall und immer gleich schnell: Eine Stunde ist eine Stunde, ganz egal, ob sie auf einer Parkbank in Deutschland, in einem Schnellzug in Japan, auf dem Mond oder auf dem Sirius verstreicht. Etwas übertrieben gesehen, stellen wir uns vor, irgendwo im Universum hängt eine riesige Uhr, und auf die können alle Menschen schauen und die absolute Zeit ablesen. Seit 1905 wissen wir aber, dass dies so nicht stimmt. »Wie schnell die Zeit verstreicht, ist eine reine Privatangelegenheit«, sagt Einstein.

Wie viel langsamer wird denn, aus Morleys Zug gesehen, die Zeit in Michelsons Labor?

Morley beginnt in seinem Waggon zu rechnen. Zunächst betrachtet er nur das Lichtteilchen, das schräg zur Bewegungsrichtung des Labors fliegt. Morley misst eine Zeit t_Z für den Flug des Lichtes vom Strahlteiler A zum Spiegel C und wieder zurück zum Strahlteiler A. Für den Hin- und auch für den Rückweg war das Lichtteilchen also jeweils die halbe Zeit $t_Z/2$ unterwegs. In dieser Zeit $t_Z/2$ hat sich Michelsons Steinplatte samt Spiegel und Strahlteiler um die Strecke $v_Z \cdot t_Z/2$ in Richtung Osten bewegt. Der Strahlteiler A und der Spiegel C fliegen auf parallelen Bahnen an Morleys Zug vorbei, und der Abstand dieser beiden Bahnen ist a_Z. Nun kann er mit dem Satz des Pythagoras die Länge des Lichtweges vom Strahlteiler A zum Spiegel C berechnen:

$$\sqrt{\left(a_z\right)^2 + \left(v_z \cdot t_z/2\right)^2}$$

Der Hinweg zum Spiegel und der Rückweg zum Strahlteiler sind gleich lang. Der gesamte Weg des Lichtteilchens hat deshalb die Länge

$$2 \cdot \sqrt{\left(a_z\right)^2 + \left(v_z \cdot t_z/2\right)^2}$$

Morley misst folglich von dem auf der Zickzackbahn fliegenden Lichtteilchen die Geschwindigkeit

$$c_z = \frac{2 \cdot \sqrt{\left(a_z\right)^2 + \left(v_z \cdot t_z/2\right)^2}}{t_z}$$

Morley überlegt weiter: »Die beiden Spiegel und der Strahlteiler und das gesamte Labor von Michelson fliegen mit der Geschwindigkeit v_z nach Osten. In Nord-Süd-Richtung hingegen bewegt sich nichts. Mit anderen Worten: In Nord-Süd-Richtung sind die Spiegel und der Strahlteiler in Ruhe, genau wie ich.« In Nord-Süd-Richtung findet Morley also dieselbe Situation vor wie Michelson. Deshalb ist der von Morley gemessene Abstand zwischen den Bahnen des Strahlteilers A und des Spiegels C genauso groß wie der von Michelson gemessene Abstand zwischen dem Strahlteiler A und dem Spiegel C. Das bedeutet, a_z und a_L sind gleich. Die Lichtgeschwindigkeit ist natürlich immer c. Beides setzt Morley in seine Gleichung der Lichtgeschwindigkeit ein:

$$c = \frac{2 \cdot \sqrt{(a_L)^2 + (v_Z \cdot t_Z/2)^2}}{t_Z}$$

Michelson hat bei seinem Experiment für die Lichtgeschwindigkeit

$$c = \frac{2a_L}{t_L}$$

gemessen. Stellt man diese Gleichung um, erhält man für die Länge a_L den Wert

$$a_L = \frac{c \cdot t_L}{2}$$

Auch dies setzt Morley in seine Gleichung für die Lichtgeschwindigkeit ein:

$$c = \frac{2 \cdot \sqrt{(c \cdot t_L/2)^2 + (v_Z \cdot t_Z/2)^2}}{t_Z}$$

Um die Zeitdehnung berechnen zu können, muss diese Gleichung noch nach t_Z aufgelöst werden.

Zunächst werden die Klammern unter dem Wurzelzeichen ausmultipliziert.

$$c = \frac{2 \cdot \sqrt{c^2 \cdot t_L^2/4 + v_Z^2 \cdot t_Z^2/4}}{t_Z}$$

Dann werden beide Seiten der Gleichung quadriert.

$$c^2 = \frac{4}{t_Z^2}\left(c^2 \cdot t_L^2/4 + v_Z^2 \cdot t_Z^2/4\right)$$

Die Klammer wird ausmultipliziert

$$c^2 = \frac{4 \cdot c^2 \cdot t_L^2}{4t_Z^2} + \frac{4 \cdot v_Z^2 \cdot t_Z^2}{4t_Z^2}$$

und anschließend werden die Brüche gekürzt.

$$c^2 = \frac{c^2 \cdot t_L^2}{t_Z^2} + v_Z^2$$

Nun wird auf beiden Seiten der Gleichung v_Z^2 abgezogen.

$$c^2 - v_Z^2 = \frac{c^2 \cdot t_L^2}{t_Z^2}$$

Beide Seiten werden $t_Z^2/(c^2 - v_Z^2)$ malgenommen

$$\left(c^2 - v_Z^2\right) \cdot \frac{t_Z^2}{c^2 - v_Z^2} = \frac{c^2 \cdot t_L^2}{t_Z^2} \cdot \frac{t_Z^2}{c^2 - v_Z^2}$$

und danach die Brüche gekürzt.

$$t_Z^2 = \frac{c^2 t_L^2}{c^2 - v_Z^2}$$

Der Bruch auf der rechten Seite der Gleichung wird mit $1/c^2$ erweitert.

$$t_Z^2 = \frac{c^2 t_L^2 / c^2}{\left(c^2 - v_Z^2\right)/c^2}$$

Nun wird auf der rechten Seite der Gleichung der Bruch im Zähler gekürzt und der Nenner in zwei Einzelbrüche aufgelöst.

$$t_z^2 = \frac{t_L^2}{1 - v_z^2/c^2}$$

Zum Schluss wird noch auf beiden Seiten der Gleichung die Wurzel gezogen.

$$t_z = \frac{1}{\sqrt{1 - (v_z/c)^2}} \cdot t_L$$

Der Bruch mit der Wurzel im Nenner aus dieser Gleichung taucht in der Relativitätstheorie sehr häufig auf, deshalb haben ihn die Physiker mit einem eigenen Symbol, dem kleinen griechischen Buchstaben Gamma (γ), abgekürzt:

$$\gamma = \frac{1}{\sqrt{1 - (v_z/c)^2}}$$

Dadurch kann man den Zusammenhang zwischen Morleys Zeit und Michelsons Zeit sehr knapp schreiben:

$$t_z = \gamma \cdot t_L$$

oder

$$t_L = \frac{1}{\gamma} \cdot t_z$$

Dies bedeutet, Morley stellt fest, seine eigene Zeit im Zug verstreicht γ-mal so schnell wie Michelsons Zeit im

Labor, oder umgekehrt, Michelsons Zeit verstreicht γ-mal so langsam wie seine eigene im Zug. Wir haben zwar in unsere Überlegungen nur den Strahlteiler, einen Spiegel und ein Lichtteilchen einbezogen, trotzdem gilt die Zeitdehnung für alles und jeden in Michelsons Labor. Wenn Morley also durch das Zugfenster in Michelsons Labor blickt, muss er das Gefühl haben, einen Film in Zeitlupe zu sehen. Michelson schleicht im Schneckentempo durch den Raum, die Tasse, die ihm aus der Hand fällt, schwebt langsam zu Boden, und der Sekundenzeiger der Laboruhr kriecht über das Zifferblatt. Kurzum, die Zeit läuft langsamer ab. Wie viel langsamer sie ist, sagt γ.

Die Größe von γ hängt von den Werten der beiden Geschwindigkeiten c und v_Z ab. Die Lichtgeschwindigkeit c hat, wie wir wissen, den festen Wert von 299 792 458 m/s. Wie groß aber kann die Geschwindigkeit des Labors sein? Der kleinstmögliche Wert ist $v_Z = 0$ m/s. Dann steht das Labor still. Nun sollte man annehmen, dass das Labor – zumindest theoretisch – eine beliebig hohe Geschwindigkeit haben könnte. Doch dann kämen wir irgendwann in Konflikt mit der Mathematik.

Die Wurzel aus einer Zahl ist der Wert, der, mit sich selbst malgenommen, die Zahl ergibt. Nun wird aus jedem Wert, egal ob positiv oder negativ, wenn man ihn mit sich selbst multipliziert, eine positive Zahl. Folglich kann man aus negativen Zahlen keine Wurzeln ziehen. In γ wird der Wert unter der Wurzel mit größer werdender Laborgeschwindigkeit v_Z immer kleiner, und schließlich steht bei irgendeiner Geschwindigkeit eine

Null unter der Wurzel. Sollte die Geschwindigkeit noch größer werden, so gibt es keinen Wert für γ mehr. Deshalb sagt Einstein: »Es gibt eine Höchstgeschwindigkeit, die prinzipiell von nichts und niemandem überschritten werden kann!«

Wie groß ist diese Höchstgeschwindigkeit? Es ist gerade die Lichtgeschwindigkeit. Wenn das Labor mit Lichtgeschwindigkeit an Morley vorbeisausen würde, wäre $v_Z = c$, und damit die Wurzel in γ.

$$\sqrt{1-\left(c/c\right)^2} = \sqrt{1-1} = \sqrt{0} = 0$$

Das bedeutet, die Laborgeschwindigkeit kann nur zwischen $0\,\text{m/s}$ und $299\,792\,458\,\text{m/s}$ oder, anders ausgedrückt, zwischen $0\,\%$ und $100\,\%$ der Lichtgeschwindigkeit liegen.

Rechnen wir einmal ein, wenn auch sehr unrealistisches, Zahlenbeispiel durch.

Angenommen, die Abstände zwischen dem Strahlteiler und den Spiegeln wären gerade so groß, dass Michelson feststellen würde, die beiden Lichtteilchen wären jeweils eine Sekunde lang unterwegs. Das heißt $t_L = 1\,\text{s}$. Außerdem wollen wir annehmen, Morley sähe Michelsons Labor mit $87\,\%$ der Lichtgeschwindigkeit an seinem Zugfenster vorbeirasen. Also $v_Z = 0{,}87 \cdot c$. Wie langsam würde aus Morleys Sicht die Zeit im Labor verstreichen? Den Wert für γ berechnen wir mit Hilfe der Gleichung:

$$\gamma = \frac{1}{\sqrt{1-\left(v_Z/c\right)^2}} = \frac{1}{\sqrt{1-\left(0{,}87 \cdot c/c\right)^2}} = \frac{1}{\sqrt{1-0{,}87^2}} \approx 2$$

Morley stoppt mit seiner Uhr im Zug auch die Zeit, die das Lichtteilchen für den Weg vom Strahlteiler A zum Spiegel C und zurück zum Strahlteiler unterwegs ist. Es sind zwei Sekunden, denn $t_Z = \gamma \cdot t_L \approx 2\,t_L$. Gleichzeitig merkt er, wie die Zeit in Michelsons Labor nur halb so schnell verrinnt, und mit einem Blick auf die Laboruhr sieht er, dass während des Lichtteilchenfluges der Sekundenzeiger nur eine Sekunde vorangekommen ist.

Bisher haben wir uns nur um die Zeit in Michelsons Labor gekümmert, wenn auch aus zwei verschiedenen Blickwinkeln: aus Michelsons eigener Sicht vom Labor aus und aus Morleys Sicht vom Zug aus.

Was sieht aber eigentlich Michelson, wenn er von seinem Labor aus in Morleys Zug hineinblickt? Man könnte leicht meinen, er nähme wahr, die Zeit im Zug verstriche doppelt so schnell wie in seinem Labor. Aber das ist ein Irrtum.

Um dies zu verstehen, nehmen wir einmal an, Morley hätte im Zug ein völlig gleiches Experiment aufgebaut wie Michelson in seinem Labor. Morley betrachtet sich und das Experiment mit gutem Recht als den ruhenden Pol des Universums. Deshalb misst er bei seinem Experiment, dass das Licht eine Sekunde unterwegs ist. Michelson, der von außen in den fahrenden Zug hineinschaut und Morleys Experiment beobachten kann, sieht genau das Gleiche, was Morley in Michelsons Labor sieht: Während das Lichtteilchen vom Strahlteiler A zum Spiegel C fliegt, fährt der Zug mit dem Experiment weiter, und das Lichtteilchen muss schräg zur Fahrtrichtung des Zuges fliegen, damit es den Spiegel erreichen kann. Die Rollen von Morley und

Michelson sind einfach nur vertauscht worden, ansonsten ist alles gleich geblieben. Folglich stellt auch Michelson das Gleiche fest wie Morley: Michelson sieht, wie die Zeit in Morleys Zug langsamer verstreicht als in seinem Labor, genau wie umgekehrt Morley sieht, wie die Zeit in Michelsons Labor langsamer verstreicht als in seinem Zug.

In unserem Zahlenbeispiel hatte Morleys Zug das unrealistisch hohe Tempo von 87 % der Lichtgeschwindigkeit. Für dieses Tempo erhielten wir einen Zeitdehnungsfaktor γ von 2. Wie groß, ist γ nun eigentlich bei viel niedrigeren oder höheren Geschwindigkeiten? In der Tabelle ist γ für einige Geschwindigkeiten aufgelistet.

An der Tabelle kann man sehen, dass für alle Geschwindigkeiten, mit denen wir im täglichen Leben zu tun haben, der Wert von γ praktisch gleich 1 ist. Das bedeutet, sitzt man auf einer Parkbank und beobachtet einen Spaziergänger, ein Auto oder eine Concorde, so ist es unmöglich, dort eine Zeitdehnung festzustellen. Selbst wenn man in einem Raumschiff weilt, das im Vergleich zur Sonne stillsteht, und man die Erdkugel mit 30 km/s um die Sonne fliegen sieht, dehnt sich die Zeit auf der Erde immer noch so extrem wenig, dass man es nicht bemerken wird. Erst wenn die Geschwindigkeit des Objektes in die Nähe der Lichtgeschwindigkeit kommt, wird die Zeitdehnung zu einem deutlich wahrnehmbaren Effekt, und nur bei Geschwindigkeiten, die bloß um Bruchteile eines Prozents von der Lichtgeschwindigkeit abweichen, wird die Zeitdehnung wirklich groß.

Bewegtes Objekt	Geschwindigkeit (in Prozent der Lichtgeschw.)		γ
Spaziergänger (relativ zum Weg)	5 km/h	0,0000004 %	1,000 000 000 000 000 02
Auto (relativ zur Straße)	100 km/h	0,000009 %	1,000 000 000 000 004
Concorde (relativ zur Erde)	2000 km/h	0,0002 %	1,000 000 000 002
Gewehrkugel (relativ zum Boden)	1 km/s	0,0003 %	1,000 000 000 005
Erde (relativ zur Sonne)	30 km/s	0,01 %	1,000 000 005
	30 000 km/s	10 %	1,005
	150 000 km/s	50 %	1,155
	270 000 km/s	90 %	2,294
		99 %	7,089
		99,9 %	22,37
		99,99 %	70,71
		99,999 %	223,61
		99,9999 %	707,11

Noch deutlicher als an der Tabelle sieht man in *Bild 11* die Abhängigkeit von γ von der Geschwindigkeit des beobachteten Objektes.

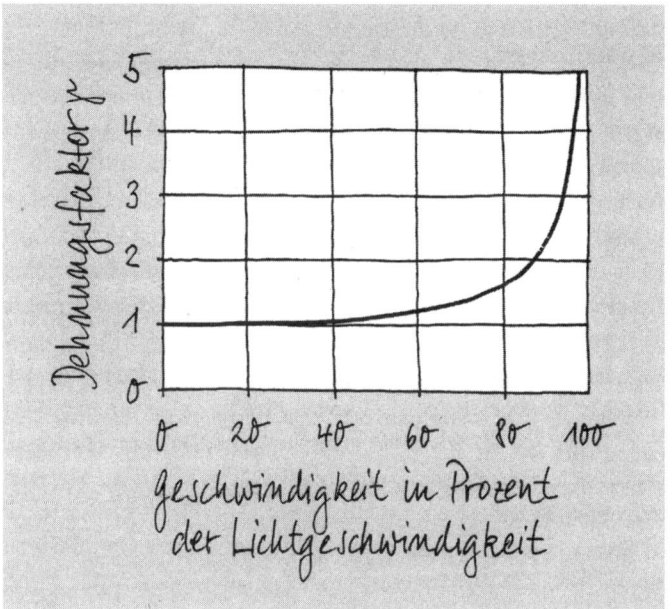

Bild 11: *Abhängigkeit der Größe y von der Geschwindigkeit, die hier als Prozentsatz von der Lichtgeschwindigkeit aufgetragen ist. Nur bei Geschwindigkeiten, die sehr nahe bei der Lichtgeschwindigkeit liegen, ist γ merklich größer als 1.*

Warum fällt es uns eigentlich so schwer, die Effekte der privaten und der gedehnten Zeit zu begreifen? Warum wehrt sich unser »gesunder Menschenverstand« dagegen, Zeitdehnung als Tatsache zu akzeptieren? Einstein selbst hat einmal eine treffende Erklärung dafür gegeben: »Der gesunde Menschenverstand« ist die Schicht von Vorurteilen, die sich in den Köpfen der Menschen ablagert, bevor sie 18 Jahre alt werden«, meinte er. Der »gesunde Menschenverstand« ist ein Hilfsmittel, das die Evolution im Laufe von Jahrmillionen entwickelt hat, damit seine Besitzer eine bessere Überlebenschance in der Alltagswelt haben. Als Instrument, mit dem man das Wesen des Universums begreifen kann, taugt er nicht viel.

Hält man einen Stein in der Hand und lässt ihn dann los, so fällt er, immer schneller werdend, zu Boden. Dies ist eine Erfahrung, die man schon in frühester Kindheit macht, und kaum jemand wundert sich darüber. Wäre es nicht viel natürlicher, wenn der Stein an der Stelle bliebe, an der man ihn loslässt? Oder warum fällt der Stein immer zur Erde und nicht auch manchmal in den Himmel oder zur Seite weg? Fragt man jemanden, warum ein Stein immer zu Boden fällt, bekommt man meistens als Antwort: »Das liegt an der Erdanziehungskraft.« Damit ist jedoch noch nichts erklärt. Dem seltsamen Verhalten des Steins wurde lediglich ein Name gegeben. Ist es nicht schlechtweg unvorstellbar, dass die Erde den Stein zu sich heranzieht, ohne dass ein Seil dazwischen ist, an dem sie ziehen kann? Trotzdem bereitet es unserem Verstand nicht die geringste Mühe, das Herabfallen eines Steines zu begreifen. Wir haben uns einfach unser ganzes Leben lang daran gewöhnt und nie ein anderes Verhalten kennen gelernt. Mit der Zeitdehnung haben wir im Alltag nichts zu tun. Die Geschwindigkeiten, die uns normalerweise in unserem Leben begegnen, sind einfach zu niedrig dafür, und darum haben wir uns als Kinder nie an die Zeitdehnung gewöhnen müssen. Folglich gibt es für den »gesunden Menschenverstand« keine Zeitdehnung!

Obwohl man im täglichen Leben nichts von der Zeitdehnung bemerkt, kennen die Physiker doch eine ganze
Reihe von Experimenten, in denen sie sich deutlich bemerkbar macht. Eines davon ist die Messung der Lebens-
dauer von Myonen. Myonen sind Elementarteilchen und
gehören damit zu den Grundbausteinen, aus denen alles
im Universum zusammengesetzt ist. Sie sind so winzig
klein, dass man sie selbst mit dem besten Mikroskop der
Welt nicht sehen kann, trotzdem haben die Physiker
Möglichkeiten, ihre Anwesenheit festzustellen. Im Gegensatz zu manchen anderen Elementarteilchen »leben«
Myonen nicht ewig. Ihre Lebenserwartung ist sogar äußerst gering. Im Mittel »sterben« sie schon wenige Millionstel Sekunden nach ihrer »Geburt«.

Aus dem Weltall trifft ständig kosmische Strahlung auf
die Erde. Sie wird zum größten Teil im Außenbereich
der Atmosphäre in etwa 15 Kilometer Höhe abgefangen.
Durch den Zusammenprall der Strahlung mit den Luft-
teilchen entstehen Myonen, die dann mit nahezu Lichtgeschwindigkeit in Richtung Erdboden fliegen.

Newton würde nun folgende Berechnung anstellen:
»Der zurückgelegte Weg ist Geschwindigkeit mal Flugzeit. Da die Myonen nur einige Millionstel Sekunden leben, kommen die meisten von ihnen trotz ihrer hohen
Geschwindigkeit nur etwa 500 Meter weit und ›sterben‹
dann. Also werden die Myonen die Erdoberfläche nicht
erreichen.« Tatsächlich aber kann man noch sehr viele
Myonen in Erdbodenhöhe finden. Deshalb ist die
Newtonsche Rechnung falsch.

Einstein hingegen hat die richtige Erklärung: »Aus
Sicht der Erdbewohner fliegen die Myonen mit beinahe

Lichtgeschwindigkeit zu Boden. Deshalb vergeht für die Myonen die Zeit viel langsamer als für die Menschen auf der Erde, und sie können wegen dieser längeren Zeit auch einen längeren Weg zurücklegen.« Aus Myonensicht ist ihre Lebenszeit natürlich gleich geblieben.

Fassen wir einmal zusammen. Da es keinen Äther gibt, kann man sich mit gutem Recht als den ruhenden Pol des Universums betrachten. Alle anderen Dinge des Universums ruhen entweder auch, oder sie bewegen sich mehr oder weniger schnell. Für die Dinge, die ruhen, genau wie man selbst, verstreicht die Zeit auch genauso schnell wie für einen selbst. Für alle Dinge in Bewegung verstreicht die Zeit langsamer als für einen selbst, und zwar umso langsamer, je höher ihre Geschwindigkeit ist. Das heißt, die eigene Zeit verstreicht immer am schnellsten!

Bild 12: *Morley denkt: »Ich bin der ruhende Pol des Universums. Mein Zug steht still und der Rest des Weltalls bewegt sich.«*

Schneller als das Licht

»Die Relativitätstheorie ist falsch«, sagt der Leuchtturmwärter Matthias. »Ich habe auf meinem Leuchtturm eine helle Lampe, die einen gebündelten Strahl bis zum Horizont schickt. Sie dreht sich einmal pro Sekunde um die eigene Achse, und der Lichtstrahl streicht deshalb jede Sekunde einmal im Kreis über den gesamten Horizont. Ich habe gehört, es gibt so starke Laser, dass man damit einen gebündelten Lichtstrahl bis zum Mond schicken kann, sodass dort an der Auftreffstelle ein kleiner heller Fleck zu sehen ist. Wenn ich in meinem Leuchtturm die Lampe durch einen solchen Laser ersetze, dann läuft der Lichtpunkt mit etwa achtfacher Lichtgeschwindigkeit über die Mondoberfläche. Das soll aber laut Einstein unmöglich sein!«

Hat der Leuchtturmwärter Recht? Es stimmt, dass der Lichtstrahl des Lasers mit achtfacher Lichtgeschwindigkeit über die Mondoberfläche rast. Doch das ist trotzdem kein Widerspruch zur Relativitätstheorie. Einstein sagt nämlich nur: »Weder Materie- noch Lichtteilchen können schneller als 299 792 458 m/s fliegen.« Und auch in dem Beispiel des Leuchtturmwärters hat sich das Licht nur schön brav mit Lichtgeschwindigkeit bewegt. Es ist nämlich nicht quer über die Mondoberfläche, sondern von der Erde zum Mond geflogen. Mit anderen Worten, es ist nicht ein Lichtteilchen mit achtfacher Lichtgeschwindigkeit vom linken zum rechten Rand des Mondes geflogen, sondern es waren lauter verschiedene Lichtteilchen, die von der Erde kamen und nacheinander unterschiedliche Stellen auf dem Mond erreicht haben.

Nach dem Rezept des Leuchtturmwärters Matthias kann man übrigens mühelos beliebig hohe »unechte« Geschwindigkeiten erzeugen: Man nehme eine x-beliebige sehr lange Strecke und teile sie durch eine x-beliebige sehr kurze Zeit. Das Ergebnis ist immer eine sehr hohe, aber völlig bedeutungslose Geschwindigkeit.

Im Jahre 1967 veröffentlichte der Physiker Gary Feinberg in der Zeitschrift »Physical Review« einen interessanten Artikel. Er zeigte, dass es nicht im Widerspruch zur Relativitätstheorie steht, wenn es Objekte gibt, die schneller sind als das Licht. Diese Objekte, die er Tachyonen nannte, müssen, falls es sie wirklich geben sollte, eine ganze Reihe sehr seltsamer Eigenschaften haben.

Tachyonen sind immer schneller als das Licht. Für sie ist die Lichtgeschwindigkeit eine genauso unüberwindbare Grenze wie für Materie- oder Lichtteilchen: Die einen können nicht langsamer und die anderen nicht schneller als das Licht sein.

Bisher hat es jedoch noch nicht den kleinsten Hinweis auf die Existenz von Tachyonen gegeben. Sie werden wohl auch in Zukunft nichts anderes bleiben als eine amüsante Fußnote zur Relativitätstheorie. Eine Ausnahme ist allerdings der Comic-Held Lucky Luke, eine Erfindung des Zeichners Morris (Maurice de Bevere), der mit Überlichtgeschwindigkeit seinen Revolver ziehen und abdrücken kann. Auf der Rückseite jedes Lucky-Luke-Heftes kann man sehen, wie er schneller als sein Schatten schießt.

Zwillingsparadoxon

Wir schreiben das Jahr 2200. Pollux will seinen Vater Zeus besuchen, der sich, da sein alter Wohnort auf dem Olymp von Touristen überlaufen ist, auf einen ruhigen Planeten des Sterns Wega zurückgezogen hat. Pollux' Zwillingsbruder Kastor, der interstellare Reisen nicht verträgt, bleibt auf der Erde zurück.

Das Raumschiff verlässt die Erde und beschleunigt auf eine Geschwindigkeit von 99,7 % der Lichtgeschwindigkeit. Die Wega ist 250 Billionen Kilometer von der Erde entfernt. Deshalb dauert die Reise bei diesem Tempo etwa 26 Jahre.

Da Zeus im Alter recht unverträglich geworden ist und nicht mehr nur Blitze zur Erde schleudert, sondern mit allem, was ihm zwischen die Finger kommt, um sich wirft, reist Pollux schon nach wenigen Tagen wieder ab. Der Rückflug dauert genauso lange wie der Hinflug, und 52 Jahre nach dem Verlassen der Erde ist Pollux wieder zu Hause.

Auf der Erde sind inzwischen alle Menschen und auch Pollux' Zwillingsbruder Kastor um 52 Jahre gealtert. Pollux ist relativ zur Erde mit einer Geschwindigkeit von $v = 0{,}997 \cdot c$ geflogen. Die Größe γ hat deshalb den Wert

$$\gamma = \frac{1}{\sqrt{1 - \left(0{,}997 \cdot c / c\right)^2}} \approx 13$$

und für Pollux ist nur eine Zeit von $1/\gamma \cdot 52$ Jahren ≈ 4 Jahren verstrichen. Vor Pollux' Reise zur Wega waren die Zwillinge gleich alt, nach der Reise ist Kastor 48 Jahre älter als Pollux.

Wie sieht der Weltraumflug nun aus Pollux' Perspektive aus? Pollux ist auch aus seiner Sicht vier Jahre von der Erde fort. Während der gesamten Reise sieht er die Erde mit einer Geschwindigkeit von 99,7 % der Lichtgeschwindigkeit durch das All rasen. Also sagt er sich: »Mein Bruder Kastor und alle anderen Menschen auf der Erde müssen 13-mal langsamer älter werden als ich. Folglich sind für Kastor während meiner Abwesenheit nur etwa vier Monate verstrichen, und er ist jetzt jünger als ich.«

Wer hat nun Recht? Ist Kastor jünger, oder ist Pollux jünger?

Da unmöglich beide jünger als der andere sein können, scheint hier die Relativitätstheorie ein unsinniges Ergebnis zu liefern. Aber das stimmt glücklicherweise nicht. Wir haben bei unseren Betrachtungen des Fluges nur etwas unterschlagen.

Alle Überlegungen, die wir bisher gemacht haben, gelten ausschließlich nur für Objekte, die mit konstanten Geschwindigkeiten geradeaus fliegen. Dies ist bei dem Zwillingsparadoxon aber nicht der Fall. Pollux kann bei seiner Reise nur dann zur Erde zurückkehren, wenn er bei der Wega seine Flugrichtung ändert. Das heißt, er muss seine Rakete abbremsen und dann in umgekehrter Richtung wieder beschleunigen.

Betrachtet man nicht nur konstante Geschwindigkeiten, sondern auch sich ändernde, so werden die Gleichungen der Relativitätstheorie komplizierter. Es stellt sich allerdings heraus, dass am Ende der Reise Pollux jünger ist als Kastor.

Dieses Zwillingsparadoxon ist keine reine Gedankenspielerei. Vergleicht man zwei extrem genaue Atomuhren, von denen die eine auf der Erde steht und die andere in einem Satelliten mitfliegt, der die Erde umkreist, so wird das Zwillingsparadoxon aufs Schönste bestä-

Bild 13: Eine Reise in die Zukunft

tigt: Die Zeiten, die die beiden Uhren anzeigen, weichen deutlich voneinander ab.

Mit Pollux' Verfahren sind im Prinzip Weltraumreisen selbst zu den fernsten Sternen möglich. Hat man eine Geschwindigkeit, die – von der Erde aus gesehen – nur um den Bruchteil eines Prozentes niedriger ist als die Lichtgeschwindigkeit, kann man in kurzer Zeit hin- und zurückfliegen.

Doch die Sache hat einen Pferdefuß, den schon Kastor und Pollux zu spüren bekamen: Auf der Erde verstreicht die Zeit sehr viel schneller als in dem Raumschiff, und so wird es passieren, dass man bei der Rückkehr keinen Menschen mehr kennen wird, ja, dass selbst die eigenen Urenkel längst Greise geworden sind oder dass sogar die Erde gar nicht mehr existiert. Ein Hin- und Rückflug durch das Weltall mit hoher Geschwindigkeit ist also eine Reise in die Zukunft. Doch anders als in Herbert George Wells' Roman »Die Zeitmaschine« ist eine anschließende Reise zurück in die Vergangenheit nicht möglich. Die Relativitätstheorie gestattet Zeitreisen nur in eine Richtung.

Raumstauchung

Gehen wir noch einmal zurück zum Michelson-Morley-Experiment.

Bisher haben wir nur den Weg des Lichtteilchens betrachtet, das vom Strahlteiler A zum Spiegel C und zurück fliegt. Aus dem Vergleich von Michelsons Sicht im Labor und Morleys Sicht vom Zugfenster aus folgt die Dehnung der Zeit. Nun untersuchen wir auch noch, was mit dem Lichtteilchen im zweiten Arm des Experiments passiert.

Aus Morleys Sicht durch das Zugfenster haben der Strahlteiler A und der Spiegel B den Abstand b_Z. (Der Index Z steht auch in diesem Kapitel wieder für die Sichtweise aus dem Zug heraus.)

In der Zeit, in der das Lichtteilchen auf dem Hinweg vom Strahlteiler A zum Spiegel B unterwegs ist, bewegt sich das Labor samt Spiegel B ständig mit der Geschwindigkeit v_Z weiter nach Osten *(Bild 14)*. Das Lichtteilchen muss deshalb nicht nur die Strecke b_Z durchfliegen, sondern auch noch den nach Osten entfliehenden Spiegel einholen. Der Lichtweg ist somit länger als b_Z. Angenommen, das Licht ist auf dem Hinweg die Zeit t'_Z unterwegs, dann hat sich der Spiegel B während dieser Zeit um die Strecke $v_Z \cdot t'_Z$ nach Osten verschoben. Dass wir den Wert von t'_Z gar nicht kennen, soll uns vorerst nicht stören; irgendeine Zeit braucht das Lichtteilchen auf jeden Fall, und die nennen wir einfach t'_Z. Insgesamt hat also das Lichtteilchen auf dem Hinweg eine Strecke der Länge $b_Z + v_Z \cdot t'_Z$ zurückgelegt. Seine Flug-

Bild 14: *Der Weg eines Lichtteilchens im Michelson-Morley-Experiment aus Morleys Sicht. Während das Teilchen vom Strahlteiler A zum Spiegel B und zurück fliegt, bewegt sich das ganze Experiment nach Osten.*

zeit t'_z auf dem Hinweg ist gleich der zurückgelegten Strecke geteilt durch seine Geschwindigkeit:

$$t'_z = \frac{b_z + v_z \cdot t'_z}{c'_z}$$

Im Nenner des Bruches steht die Geschwindigkeit c'_Z des Lichts auf dem Hinweg, wie sie Morley vom Zug aus wahrnimmt.

Auf dem Rückweg vom Spiegel B zum Strahlteiler A müsste das Lichtteilchen eigentlich auch wieder eine Strecke b_Z überwinden. Diesmal kommt ihm jedoch der Strahlteiler mit der Geschwindigkeit v_Z entgegen, sodass sich sein Weg verkürzt. Beträgt die gesamte Flugdauer auf dem Rückweg t''_Z, so hat die Flugstrecke die Länge $b_Z - v_Z \cdot t''_Z$. Die Flugzeit des Lichtteilchens für den Rückweg ist diese Flugstrecke geteilt durch seine Geschwindigkeit c''_Z:

$$t''_Z = \frac{b_Z - v_Z \cdot t''_Z}{c''_Z}$$

In diesen beiden Gleichungen stehen die Flugzeiten des Lichtteilchens sowohl auf den linken als auch auf den rechten Seiten der Gleichheitszeichen. Deshalb kann man mit diesen Gleichungen die Flugzeiten nicht ohne weiteres berechnen. Sie müssen beide noch so umgestellt werden, dass die Flugzeiten nur links der Gleichheitszeichen stehen.

Beide Seiten der ersten Gleichung werden mit c'_Z malgenommen.
Anschließend kann auf der rechten Seite c'_Z gekürzt werden:

$$c'_Z \cdot t'_Z = b_Z + v_Z \cdot t'_Z$$

Von beiden Seiten der Gleichung wird $v_z \cdot t'_z$ abgezogen.

$$c'_z \cdot t'_z - v_z \cdot t'_z = b_z$$

Auf der linken Gleichungsseite wird t'_z ausgeklammert.

$$\left(c'_z - v_z\right) t'_z = b_z$$

Schließlich werden noch beide Seiten durch den Klammerausdruck geteilt.

$$t'_z = \frac{b_z}{c'_z - v_z}$$

Die Gleichung für den Rückweg kann nach dem gleichen Schema aufgelöst werden, sodass auch hier die Zeit t''_z nur noch auf der rechten Gleichungsseite steht.

$$t''_z = \frac{b_z}{c''_z + v_z}$$

Die gesamte Flugzeit des Lichtteilchens für Hin- und Rückweg wollen wir t_z nennen. Um sie zu erhalten, müssen die beiden Zeiten zusammengezählt werden:

$$t_z = t'_z + t''_z$$

Nun setzt man für die Zeiten die gerade ermittelten Gleichungen ein:

$$t_z = \frac{b_z}{c'_z - v_z} + \frac{b_z}{c''_z + v_z}$$

Bis hierher stimmen die Physik von Isaac Newton und die von Albert Einstein noch überein. Doch jetzt kommen die Unterschiede. Nach den Vorstellungen von Newton müssten die Lichtgeschwindigkeiten auf dem Hinweg c'_Z und auf dem Rückweg c''_Z unterschiedlich sein.

Wir wissen aber, Newtons Vorstellung ist so nicht richtig und muss korrigiert werden. Nach Einstein ist die Lichtgeschwindigkeit immer gleich und hat den Wert $c = 299\,792\,458$ m/s. Wir können deshalb in der Gleichung c'_Z und c''_Z durch c ersetzen:

$$t_Z = \frac{b_Z}{c - v_Z} + \frac{b_Z}{c + v_Z}$$

Mit dieser Gleichung ist es jetzt kein Problem mehr, die Flugzeit des Lichtteilchens vom Strahlteiler zum Spiegel B und zurück zu berechnen, wenn man den Abstand zwischen dem Strahlteiler und dem Spiegel und die Fluggeschwindigkeit des Labors kennt.

Bisher haben wir in diesem Kapitel nur Morleys Sicht der Dinge untersucht. Schauen wir uns jetzt auch noch den Lichtteilchenflug mit Michelsons Augen an. Für Michelson ruhen der Strahlteiler, der Spiegel B und der Rest des Experiments. Der Strahlteiler und der Spiegel haben den Abstand b_L, und die Gesamtflugstrecke des Lichtteilchens auf dem Hin- und Rückweg beträgt deshalb $2b_L$. (Der Index L steht für die Sichtweise vom Labor aus.) Da das Lichtteilchen natürlich mit Lichtgeschwindigkeit fliegt, ist seine Flugzeit

$$t_L = \frac{2b_L}{c_L}$$

Aus Michelsons Sicht sind der Abstand b_L zwischen dem Strahlteiler und dem Spiegel B und der Abstand a_L zwischen dem Strahlteiler und dem Spiegel C genau gleich lang. Deshalb könnte man diese Abstände beide mit dem Symbol a_L abkürzen. Aber um deutlich zu machen, dass es sich um verschiedene Strecken handelt, wenn auch gleich lange, bleiben wir bei den beiden Bezeichnungen a_L und b_L und merken uns nur, dass sie den gleichen Wert haben. Da die Lichtgeschwindigkeit aus jeder Sicht immer $c = 299\,792\,458$ m/s beträgt, kann auch Michelson in seiner Flugzeitgleichung c_L durch c ersetzen

$$t_L = \frac{2b_L}{c}$$

Wenn Isaac Newton diese Berechnungen sehen könnte, würde er sagen: »Warum wird die Strecke vom Strahlteiler A bis zum Spiegel C mit b_L bezeichnet, wenn Michelson sie in seinem Labor misst, und mit b_Z, wenn Morley sie vom Zug aus misst? Es ist in beiden Fällen ein und dieselbe Strecke, und darum ist sie auch in beiden Fällen gleich lang. Eine einzige Bezeichnung reicht also aus.«

Doch wir bleiben lieber vorsichtig und geben ihr weiterhin zwei verschiedene Namen. Wenn sie sich zum Schluss tatsächlich als immer gleich lang herausstellen sollten, können wir die Namen auch dann noch austauschen. Wir haben schon im vorletzten Kapitel bei der Berechnung der Zeit die Überraschung erlebt, dass Michelson und Morley beide ihre private Zeit haben und deshalb für ein und denselben Vorgang verschiedene Zeitdauern erlebt haben. Warum sollte es da bei den Strecken nicht auch merkwürdige Effekte geben?

Betrachten wir auch noch einmal zusätzlich kurz das Lichtteilchen, das in dem anderen Arm des Michelson-Morley-Experiments fliegt, der quer zur Fahrtrichtung des Zuges beziehungsweise zur Flugrichtung des Labors steht. Es fliegt vom Strahlteiler A zum Spiegel C und zurück zum Strahlteiler.

Beide Wissenschaftler, sowohl Michelson im Labor als auch Morley vom Zug aus, sehen, wie die zwei Lichtteilchen gleichzeitig am Strahlteiler starten, wie jedes der beiden in jeweils einem der Arme hin- und zurückfliegt und wie sie nach einiger Zeit schließlich wieder gleichzeitig beim Strahlteiler ankommen.

Das bedeutet natürlich, beide Wissenschaftler stellen fest, die Flugzeiten der Lichtteilchen in den zwei Armen des Experiments sind gleich lang. Allerdings misst Morley im Zug eine andere Flugzeit als Michelson im Labor. Im vorletzten Kapitel haben wir eine Formel entwickelt, mit der wir Michelsons Zeit im Labor in Morleys Zeit im Zug umrechnen können.

$$t_Z = \frac{1}{\sqrt{1-\left(v_Z/c\right)^2}} \cdot t_L$$

In diese Umrechnungsformel setzen wir jetzt die Gleichungen ein für die von Michelson gemessene Flugzeit t_L und für die von Morley gemessene Flugzeit t_Z:

$$\frac{b_z}{c - v_z} + \frac{b_z}{c + v_z} = \frac{1}{\sqrt{1 - \left(v_z/c\right)^2}} \cdot \frac{2b_L}{c}$$

Mit dieser Gleichung haben wir jetzt eine Möglichkeit, zu überprüfen, ob die Abstände vom Strahlteiler A zum Spiegel B tatsächlich bei Michelsons und bei Morleys Messung den gleichen Wert ergeben. Dazu lösen wir sie nach b_z auf.

Zuerst klammern wir auf der linken Seite der Gleichung b_z aus.

$$b_z\left(\frac{1}{c - v_z} + \frac{1}{c + v_z}\right) = \frac{1}{\sqrt{1 - \left(v_z/c\right)^2}} \cdot \frac{2b_L}{c}$$

Die beiden Brüche in der Klammer auf der linken Seite werden auf ihren Hauptnenner $(c - v_z)(c + v_z)$ gebracht:

$$b_z \cdot \frac{c + v_z + c - v_z}{\left(c - v_z\right)\left(c + v_z\right)} = \frac{1}{\sqrt{1 - \left(v_z/c\right)^2}} \cdot \frac{2b_L}{c}$$

Nun wird der Zähler des Bruches auf der linken Gleichungsseite zusammengefasst und sein Nenner ausmultipliziert.

$$b_z \cdot \frac{2c}{c^2 - v_z^2} = \frac{1}{\sqrt{1 - \left(v_z/c\right)^2}} \cdot \frac{2b_L}{c}$$

Beide Seiten der Gleichung werden durch den Bruch von der linken Seite geteilt:

$$b_Z = \frac{c^2 - v_Z^2}{2c} \cdot \frac{1}{\sqrt{1 - (v_Z/c)^2}} \cdot \frac{2b_L}{c}$$

Damit sind wir im Prinzip fertig. Doch die rechte Seite der Gleichung lässt sich noch ein wenig vereinfachen. Zunächst einmal kürzen wir die 2 und fassen die beiden c zusammen.

$$b_Z = \frac{c^2 - v_Z^2}{c^2} \cdot \frac{1}{\sqrt{1 - (v_Z/c)^2}} \cdot b_L$$

Der Bruch wird aufgelöst und kann teilweise gekürzt werden.

$$b_Z = \left(1 - (v_Z/c)^2\right) \cdot \frac{1}{\sqrt{1 - (v_Z/c)^2}} \cdot b_L$$

Jede positive Zahl kann man darstellen als die Wurzel aus dieser Zahl mal die Wurzel aus dieser Zahl. Beispielsweise ist $4 = \sqrt{4} \cdot \sqrt{4}$. Nach diesem Muster wird die Klammer auf der linken Gleichungsseite in zwei Wurzeln zerlegt.

$$b_Z = \sqrt{1 - (v_Z/c)^2} \cdot \sqrt{1 - (v_Z/c)^2} \cdot \frac{1}{\sqrt{1 - (v_Z/c)^2}} \cdot b_L$$

Zum Schluss werden noch zwei Wurzeln gekürzt.

$$b_Z = \sqrt{1 - \left(v_Z/c\right)^2} \cdot b_L$$

Im vorletzten Kapitel hatten wir den Ausdruck $1/\sqrt{1-(v_Z/c)^2}$ mit γ abgekürzt. Diese Abkürzung können wir auch hier wieder verwenden:

$$\sqrt{1 - \left(v_Z/c\right)^2} = \frac{1}{\gamma}$$

Somit ergibt sich die einfache Umrechnungsgleichung von der von Michelson im Labor gemessenen Strecke b_L in die von Morley vom Zug aus gemessene Strecke b_Z:

$$b_Z = \frac{1}{\gamma} \cdot b_L$$

Aber was bedeutet nun dieses Ergebnis? Es bedeutet, ein und dieselbe Strecke hat aus Michelsons Sicht im Labor eine andere Länge als aus Morleys Sicht vom Zug aus! Die von Morley gemessene Länge ist um $1/\gamma$ im Vergleich zur von Michelson gemessenen Länge geschrumpft. Unsere Vorsicht, verschiedene Bezeichnungen für Michelsons und Morleys Messwert zu wählen, war also berechtigt.

Wir haben diese Überlegung der Längenstauchung nur für die Strecke vom Strahlteiler A zum Spiegel B gemacht, aber sie gilt ganz allgemein für Michelsons gesamtes Labor: Alle Längen, die Morley vom Zug aus in dem Labor misst, sind in Flugrichtung des Labors um γ gestaucht: Der Tisch ist kürzer, die Fenster sind schmaler, die Bücher sind dünner und Michelson ist schlanker geworden.

Die Längen quer zur Flugrichtung sind von dieser Stauchung nicht betroffen. Das heißt, bei allen Längenmessungen in Nord-Süd-Richtung und allen Höhenmessungen erhalten Michelson und Morley die gleichen Werte. Der Grund dafür ist, dass in diesen beiden Richtungen auch aus Morleys Sicht durch das Zugfenster das Labor in Ruhe ist. Die Bewegung findet ausschließlich in Ost-West-Richtung statt, und deshalb kann es auch nur in Ost-West-Richtung irgendwelche Effekte geben, die von der Geschwindigkeit abhängen. Man kann dies natürlich auch an der Umrechnungsformel sehen: Quer zur Ost-West-Richtung ist die Fluggeschwindigkeit $v_z = 0\,\text{km/h}$ und

$$\frac{1}{\gamma} = \sqrt{1 - \left(0/c\right)^2} = \sqrt{1} = 1$$

Der Umrechnungsfaktor zwischen den Strecken ist 1, folglich sind sie gleich lang.

Da der Raum nur in eine Richtung schrumpft und die Querrichtungen davon unberührt bleiben, verkleinern sich nicht einfach alle Dinge in Michelsons Labor, sondern sie verändern ihre Form, werden also verzerrt. Morley sieht deshalb ungewöhnliche Dinge in dem Labor. Michelson, der neben seinem Experimentiertisch steht und in Flugrichtung des Labors sieht, ist seltsam deformiert. Er hat immer noch seine normale Größe. Auch seine Breite hat sich nicht geändert, das heißt, die Abstände seiner Schultern, seiner Ohren und seiner Augen sind so, wie Morley sie seit jeher kennt.

Aber seine Dicke, also der Abstand zwischen Brust und Rücken, ist geschrumpft: Michelson ist dünn wie ein Blatt Papier geworden. Wenn Michelson sich dreht und dann nach Norden schaut, verändert er auch seine Form: Seine Größe bleibt, und Brust und Rücken haben wieder ihren normalen Abstand voneinander, aber dafür ist er plötzlich sehr schmal geworden: Seine beiden Schultern, seine Ohren und seine Augen fallen fast aufeinander. Morley fühlt sich bei dem Anblick an ein Spiegelkabinett erinnert, wie man es auf Jahrmärkten finden kann. Dort gibt es Zerrspiegel, in denen man sehr schlank oder dick aussieht.

Man darf aber nun nicht annehmen, Michelson und sein Labor werden in Flugrichtung zusammengedrückt, ohne dass sie es merken. Tatsächlich ist mit dem Raum etwas ganz Ähnliches passiert wie bei der Zeit.

Erinnern wir uns noch einmal kurz an unsere Überlegungen aus dem vorletzten Kapitel. Da es keinen Äther gibt, existiert auch nichts, was in absoluter Ruhe ist. Dadurch wird auch die Vorstellung falsch, es gäbe so etwas wie eine riesige Uhr im Universum, auf die alle blicken könnten, und deshalb eine universelle Zeit, die für jedermann und alles im Weltall gültig wäre. Wie wir seit Einstein wissen, ist Zeit eine reine Privatangelegenheit. Nur für sich gleich schnell bewegende Objekte ist auch die Zeit gleich schnell. Ansonsten verstreicht die eigene Zeit immer am schnellsten.

Weil es keinen Äther gibt, existiert auch kein absoluter Raum. Das heißt, nähme man alles aus dem Universum heraus, so bliebe nicht ein leeres Weltall übrig, das

Bild 15: *Die relativistische Raumstauchung ist nicht nur für Physiker von Interesse.*

in Gedanken vier Wände, Boden und Decke hat wie ein Zimmer, sondern absolut nichts. Man kann es auch anders ausdrücken: Der Raum des Weltalls wird erst von seinen Objekten erzeugt. Ohne diese Objekte gibt es auch keinen Raum. Man kann sich das Universum beinahe so vorstellen wie dieses Buch: Reißt man Deckel und Rücken von ihm ab und jede Seite aus ihm heraus und verbrennt alles, so ist es ganz verschwunden. Es bleibt nicht ein leeres Buch übrig.

Wenn wir uns unter dem Begriff »Raum« nicht ein Zimmer mit Wänden, Boden und Decke vorstellen dürfen, was sollen wir dann darunter verstehen? Am einfachsten ist es, »Raum« als Sammelbezeichnung zu verstehen für Entfernungen und Abmessungen in den drei verschiedenen Raumrichtungen. Diese Richtungen werden in diesem Buch meistens mit Nord-Süd-, Ost-West- und Oben-Unten-Richtung bezeichnet. Doch es sind noch sehr viele andere Bezeichnungen denkbar.

Wenn es also keinen absoluten Raum gibt, der für jedermann gleich ist, dann heißt das, Raum ist, genau wie Zeit, eine reine Privatsache. Menschen und Dinge mit unterschiedlichen Geschwindigkeiten haben auch unterschiedliche Räume. Mein Raum sind alle Entfernungen, Abmessungen und Richtungen, die ich von den Objekten des Universums feststelle, und der Raum des anderen sind die Entfernungen, Abmessungen und Richtungen, die er von den Objekten des Universums wahrnimmt. Und diese beiden Räume sind in der Regel nicht gleich. Betrachtet ein Mensch den Raum eines anderen, so ist aus seiner Sicht der Raum des anderen in dessen Flugrichtung gestaucht. Der Raum ist also gestaucht, nicht die Objekte in dem Raum!

Der irische Physiker George Francis Fitzgerald hatte als Erklärung für das Scheitern des Michelson-Morley-Experiments vorgeschlagen, dass durch den Ätherwind alle Objekte in Windrichtung um $1/\gamma$ gestaucht würden. Ein zwar seltsamer Effekt, aber für unseren »gesunden

Menschenverstand« trotzdem ohne Probleme zu akzeptieren.

Albert Einstein kommt zu dem gleichen Stauchungsfaktor wie Fitzgerald, aber zu einer vollständig anderen Erklärung. Kein Objekt ändert durch die Bewegung seine Abmessungen. Was schrumpft, das ist der Raum selbst!

Vereinfacht ausgedrückt kann man sagen, nicht die Längen der Gegenstände ändern sich, sondern das Meter schrumpft. Meter ist also nicht gleich Meter, sondern eine von der Geschwindigkeit abhängige Größe. Hier sträubt sich unser Verstand, und trotzdem ist es so.

Betrachten wir ein Beispiel. Pollux' Raumschiff und die Erde rasen mit einem Geschwindigkeitsunterschied von 87 Prozent der Lichtgeschwindigkeit aneinander vorbei. Pollux hat sein Raumschiff genau vermessen und weiß, es ist 200 Meter lang und hat 100 Meter Durchmesser *(Bild 16)*. Sein Bruder Kastor auf der Erde schaut durch ein Fernrohr und sieht das Raumschiff mit 87-prozentiger Lichtgeschwindigkeit an der Erde vorbeifliegen. Welche Abmessungen hat aus seiner Sicht das Raumschiff? Dazu müssen wir zunächst einmal γ bestimmen:

$$\gamma = \frac{1}{\sqrt{1-\left(v/c\right)^2}} = \frac{1}{\sqrt{1-\left(0,87 \cdot c/c\right)^2}} \approx 2$$

Aus Kastors Sicht hat das Raumschiff in dem Augenblick, in dem es die Erde passiert, eine Länge von $1/\gamma \cdot 200\,\text{m} = 100\,\text{m}$. Quer zur Flugrichtung hat aus Kas-

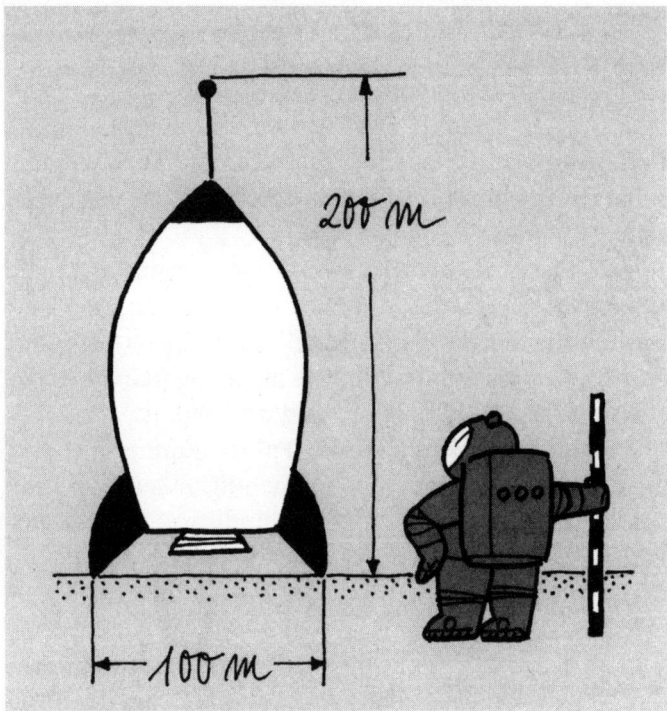

Bild 16: *Abmessungen von Pollux' Raumschiff, so wie er sie selbst sieht.*

tors Sicht das Raumschiff die gleichen Abmessungen wie aus Pollux' Sicht: Es hat einen Durchmesser von 100 m *(Bild 17, links)*.

Und wie nimmt Pollux die Erde wahr? Sie fliegt mit einer Geschwindigkeit von 87 Prozent der Lichtgeschwindigkeit an seinem Raumschiff vorbei. Die Erde ist aus seiner Sicht deshalb in Flugrichtung auf die

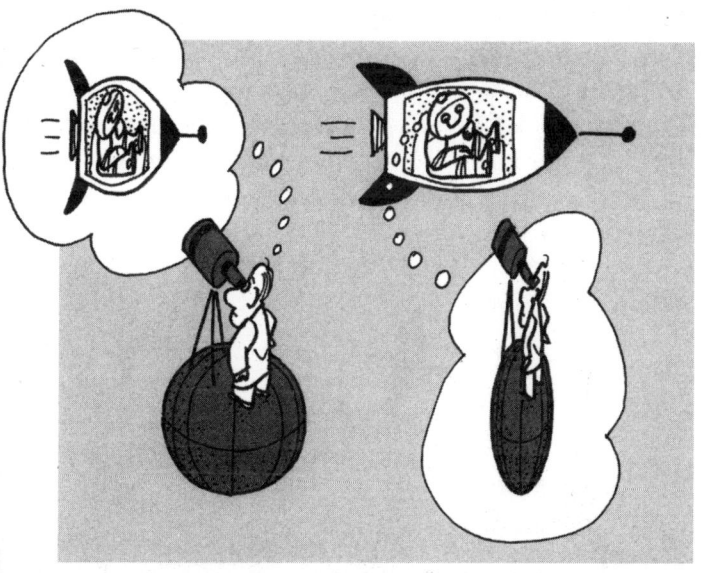

Bild 17: *Kastor beobachtet Pollux' Raumschiff, das mit 87 Prozent der Lichtgeschwindigkeit an der Erde vorbeifliegt. Aus seiner Sicht ist das Raumschiff auf die halbe Länge gestaucht worden (links). Pollux beobachtet die Erde, die mit 87 Prozent der Lichtgeschwindigkeit an ihm vorbeifliegt. Aus seiner Sicht ist sie in Flugrichtung auf die halbe Dicke geschrumpft (rechts).*

Hälfte geschrumpft; quer zur Flugrichtung sind ihre Dimensionen genauso, wie sie auch die Erdbewohner messen. Die Erde ist folglich für Pollux eine platt gedrückte Kugel. Etwas präziser ausgedrückt: Ihr Querschnitt ist zur Ellipse geworden *(Bild 17, rechts).*

Zusätzlich zu diesen Raumstauchungen kommen natürlich auch noch die Zeitdehnungen. Kastor sieht, wie Pollux im Schneckentempo durch sein Raumschiff schleicht, weil die Zeit in dem Raumschiff aus seiner Sicht nur halb so schnell wie seine eigene verstreicht. Genauso scheint sich alles Leben auf der Erde aus Pollux' Sicht nur im Zeitlupentempo abzuspielen, weil für ihn die Erdenzeit nur halb so schnell wie die Raumschiffzeit ist.

Vierte Dimension

Man wirft der Relativitätstheorie oft vor, sie reiße den Vorstellungen der Menschen über die Welt den Boden unter den Füßen fort. Sie mache alles relativ, alle physikalischen Größen zu Privatangelegenheiten, und nichts sei mehr absolut und für jedermann gleich. Damit tut man der Relativitätstheorie bitter unrecht. Sie hat nicht einfach alle absoluten Größen abgeschafft, sondern sie hat sie nur durch andere absolute Größen ersetzt. Das ist ein großer Unterschied!

Es ist natürlich wahr: Raum und Zeit haben ihren absoluten Charakter verloren, aber dafür ist zum Beispiel die Geschwindigkeit des Lichts auf den Olymp der absoluten Größen gestiegen. Sie hat, wie wir in diesem Buch schon oft genug gesehen haben, immer den Wert 299 792 458 m/s. Aber es gibt noch weitere Größen. Um sie zu verstehen, müssen wir etwas weiter ausholen. Dazu vergessen wir zunächst einmal die Relativitätstheorie und bleiben bei der Newtonschen Physik.

Stellen Sie sich vor, Sie machen mit einem Freund eine Tour mit Ihren Rennrädern auf einer schnurgeraden Landstraße in Ostfriesland. Da Sie besser trainiert sind als Ihr Freund, haben Sie bald einen großen Vorsprung. Plötzlich klingelt Ihr Handy, und Ihr Freund ist am Apparat. »Ich habe einen Plattfuß und kein Flickzeug dabei. Kannst du mir helfen? Ich stehe bei Kilometerstein 37.« »Ich komme sofort«, antworten Sie und werfen einen Blick auf den Kilometerstein, an dem Sie gerade vorbeifahren. Er zeigt eine 42. Wie weit müssen

Sie zurückfahren? Um diese Frage beantworten zu können, müssen Sie den Abstand zwischen der Position Ihres Freundes und Ihrer eigenen bestimmen. Bei einem eindimensionalen Problem, also einem Vorgang, der auf einer geraden Linie wie unserer Straße in Ostfriesland stattfindet, ist dies ganz simpel: Man zieht einfach die kleinere Zahl von der größeren ab, und schon hat man den Abstand. Sie sind also 42 km – 37 km = 5 km von Ihrem Freund entfernt. Diese Entfernung von fünf Kilometern haben wir zwar mit Hilfe der Kilometersteine berechnet, aber sie würde sich natürlich nicht ändern, wenn keine Kilometersteine an der Straße stünden oder wenn stattdessen Meilensteine aufgestellt wären, oder wenn sie in umgekehrter Richtung nummeriert wären, oder wenn man sie von einem schnell fliegenden Flugzeug aus messen würde. Der Abstand zwischen Ihnen und Ihrem Freund ist in der Newtonschen Physik eine absolute Größe.

Bezeichnet man die Differenz zwischen der größeren Kilometerzahl und der kleineren mit x und den Abstand zwischen Ihnen und Ihrem Freund mit a_R, so haben wir im Grunde zwei Bezeichnungen für dieselbe Strecke gewählt, und darum ist natürlich $a_R = x$. Nimmt man nun x mit sich selbst mal und zieht daraus dann wieder die Wurzel, so hat man nichts verändert.

$$a_R = \sqrt{x^2}$$

Wir haben auf diese Weise nur aus einer ganz einfachen Sache eine komplizierte gemacht. Doch das hat einen guten Grund, den wir aber erst später sehen werden.

(Der Index *R* steht übrigens für »Raum« und soll andeuten, dass es sich um den räumlichen Abstand handelt. Wir werden später auch noch einen zeitlichen Abstand kennen lernen.)

In einem zweidimensionalen Fall wird die Abstandsbestimmung schon etwas schwieriger. Schauen wir uns dazu einmal die Landkarte aus *Bild 18* an. Auf ihr sind zwei Menschen eingezeichnet worden, Jason und Medea. Man kann die Positionen dieser beiden Menschen auch durch Zahlen ausdrücken. Dazu dienen die beiden Maßstäbe, die am unteren und am linken Rand der

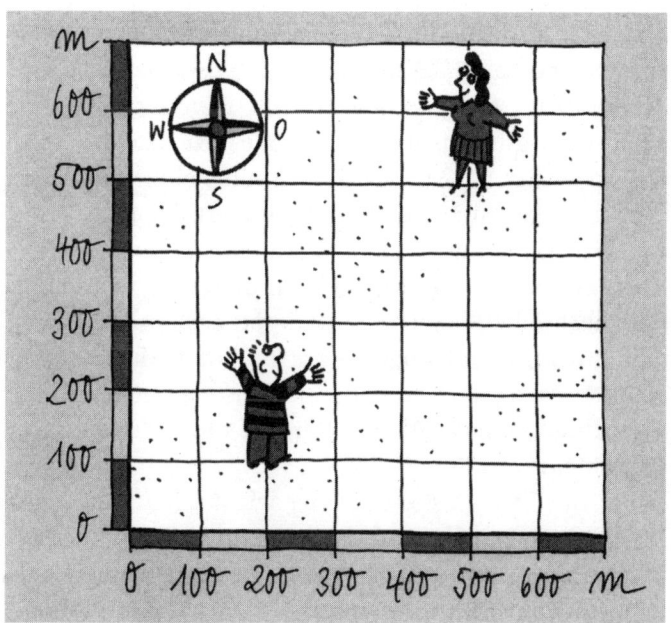

Bild 18: *Landkarte mit den Positionen von Jason und Medea*

Karte eingetragen sind. Sie geben die Entfernungen von zwei gedachten Linien an, die in Nord-Süd- und in Ost-West-Richtung durch die Landschaft laufen und mit dem linken und unteren Kartenrand zusammenfallen.

Jason ist in Ost-West-Richtung zweihundert Meter vom linken Kartenrand entfernt und in Nord-Süd-Richtung hundert Meter vom unteren Kartenrand. Medea hingegen ist fünfhundert Meter in Ost-West- und auch fünfhundert Meter in Nord-Süd-Richtung vom linken beziehungsweise vom unteren Kartenrand entfernt. Wenn Sie mit einem Besitzer der gleichen Karte telefonieren und ihm diese Zahlen nennen, so kann er auch in seine Karte die Menschen an den richtigen Stellen einzeichnen, ohne Ihre Karte gesehen zu haben. Hat er jedoch eine Karte, deren linke untere Ecke auf einen anderen Punkt der Landschaft fällt oder deren Ränder nicht in Nord-Süd- und in Ost-West-Richtung verlaufen, so wird er die Menschen an Stellen einzeichnen, an denen sie gar nicht stehen. Interessiert ihn jedoch nur der Abstand der Menschen, so ist es völlig egal, welche Karte er benutzt. Er braucht zwar die Zahlenwerte, um den Abstand zu berechnen, aber das Ergebnis selbst ist davon völlig unabhängig. Es kommt immer derselbe Abstand heraus, ganz egal, welche Karte er benutzt. Der zweidimensionale Abstand ist in der Newtonschen Physik eine absolute Größe.

Für die Abstandsberechnung selbst schauen wir uns *Bild 19* an. Den Abstand der beiden Menschen in Ost-West-Richtung von dreihundert Metern nennen wir x und den in Nord-Süd-Richtung von vierhundert Metern y. Die beiden Strecken x und y und der Abstand a_R bil-

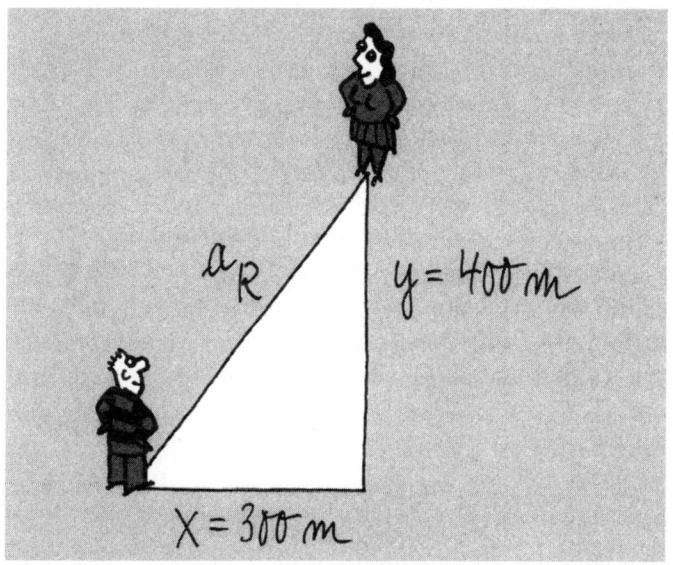

Bild 19: *Aus der Differenz des Ost-West-Abstandes x und der des Nord-Süd-Abstandes y von Jason und Medea kann man mit dem Satz des Pythagoras ihren räumlichen Abstand a_R errechnen.*

den ein rechtwinkliges Dreieck. Deshalb kann man mit dom Satz des Pythagoras aus x und y den Wert von a_R errechnen:

$$a_R^2 = x^2 + y^2$$

Nun braucht man nur noch die Wurzel auf beiden Seiten der Gleichung zu ziehen:

$$a_R = \sqrt{x^2 + y^2}$$

Setzen wir für x und y die Zahlen ein, so erhalten wir den Abstand

$$a_R = \sqrt{(300\ \text{m})^2 + (400\ \text{m})^2} = 500\ \text{m}$$

Stehen die Menschen nicht in einer Ebene, sondern im Gebirge, wird das Problem dreidimensional. Bei der Abstandsbestimmung müssen auch noch die Höhen der Standorte der beiden Menschen gegenüber einem Bezugsniveau, zum Beispiel der Höhe des Meeresspiegels, berücksichtigt werden. Angenommen, Jason steht fünfzig Meter und Medea hundertundfünfzig Meter über dem Meeresspiegel. Das heißt, der Höhenunterschied zwischen den Standorten von Jason und Medea, den wir z nennen wollen, beträgt hundert Meter. Um nun den Abstand der beiden Menschen zu berechnen, wenden wir den »dreidimensionalen« Satz des Pythagoras an.

$$a_R^2 = x^2 + y^2 + z^2$$

Anschließend ziehen wir auch hier wieder die Wurzel auf beiden Seiten der Gleichung:

$$a_R = \sqrt{x^2 + y^2 + z^2}$$

Durch Einsetzen der Zahlen erhalten wir den Abstand zwischen Jason und Medea:

$$a_R = \sqrt{(300\ \text{m})^2 + (400\ \text{m})^2 + (100\ \text{m})^2} \approx 510\ \text{m}$$

Ebenso wie schon der ein- und zweidimensionale Abstand hängt auch der dreidimensionale Abstand in der Physik von Isaac Newton nicht von den benutzten Karten ab oder vom Geschwindigkeitsunterschied zwischen den Menschen und dem Fahrzeug, von dem aus die Messung durchgeführt wird. Dieser dreidimensionale Abstand ist eine absolute Größe.

Wir bleiben noch weiterhin in der Newtonschen Physik und betrachten nun zeitliche Abstände.

Irgendwann hebt Jason kurz die rechte Hand und grüßt Medea. Medea überlegt, ob sie darauf reagieren soll. Doch dann entschließt sie sich, nicht unhöflich zu sein, und hebt auch für einen Moment die Hand zum Gruß. Angenommen, Jason hat um genau 16.25 Uhr gegrüßt und Medea um 16.26 Uhr zurückgegrüßt. Welcher zeitliche Abstand liegt zwischen diesen beiden Grüßen? Die Rechnung ist ganz simpel: Man zieht von der späteren Zeit die frühere ab und erhält den Abstand von einer Minute. Dabei spielt es keine Rolle, ob wir unsere Zeitzählung wie in dem Beispiel um Mitternacht beginnen oder ob wir einen ganz anderen Bezugspunkt wählen, wie zum Beispiel Christi Geburt. Jason hebt 1 051 394 040 Minuten und Medea 1 051 394 041 Minuten nach Christi Geburt die rechte Hand. Auch in diesem Fall ergibt die Rechnung einen zeitlichen Abstand von einer Minute. Wir können diesen Zeitabstand ebenso von einem schnell fliegenden Flugzeug oder von einem anderen Stern aus messen: Er bleibt trotzdem eine Minute. Der Abstand zwischen zwei Zeitpunkten ist in der Physik von Isaac Newton eine absolute Größe.

Wir können den Zeitabstand auf genauso komplizierte Weise ausdrücken wie den eindimensionalen
räumlichen Abstand. Bezeichnet man die Differenz
zwischen der späteren Uhrzeit und der früheren mit t
und den Zeitabstand zwischen den beiden Grüßen mit
a_Z, so haben wir zwei Abkürzungen für dasselbe Zeit-
intervall gewählt, und darum ist selbstverständlich
$a_Z = t$ und auch

$$a_Z = \sqrt{t^2}$$

Physiker, die sich mit der Relativitätstheorie beschäftigen, benutzen gerne den allgemeinen Begriff »Ereignis«
für eine x-beliebige Sache, die an irgendeinem Ort zu irgendeiner Zeit geschehen ist. Das heißt, die Zusammen-
fassung von Ort und Zeit wird Ereignis genannt. Dass
Ihr Freund mit seinem Fahrrad über einen Reißnagel
gefahren ist und einen Plattfuß bekommen hat, ist ein
Ereignis: Es ist an einem bestimmten Ort, nämlich am
Kilometerstein 37, und zu einer bestimmten Zeit, nämlich um 14.47 Uhr, passiert. Fassen wir nun noch einmal zusammen: In der Newtonschen Physik sind der
räumliche und der zeitliche Abstand von zwei Ereignissen absolute Größen, die jeder Mensch in jeder Situation gleich groß messen würde.

Kommen wir jetzt zu Einsteins Physik. Nach der
Relativitätstheorie sind Raum und Zeit Privatangelegenheiten. Das bedeutet, der räumliche und der zeitliche Abstand von zwei Ereignissen sind unterschiedlich, wenn sie von zwei Raketen aus bestimmt werden,
die unterschiedliche Geschwindigkeiten haben. Dies

wissen wir bereits, denn darum ging es ja in den vorherigen Kapiteln dieses Buches.

Es gibt allerdings eine Größe, die der Raum-Zeit-Abstand genannt wird, die absolut ist. Das heißt, jeder, der den Raum-Zeit-Abstand zweier Ereignisse misst, erhält das gleiche Ergebnis, ganz egal, mit welcher Geschwindigkeit er sich relativ zu diesen Ereignissen bewegt. Was aber ist der Raum-Zeit-Abstand?

Um diese Frage beantworten zu können, schauen wir uns noch einmal die beiden Raumschiffe Argo und Hades an, die wir bereits vor einigen Kapiteln kennen gelernt haben. Die Argo und die Hades fliegen mit unterschiedlichen Geschwindigkeiten in Ost-West-Richtung durch das Weltall. Eines Tages begegnen sie sich und gleiten direkt aneinander vorbei. Diese Begegnung ist unser erstes Ereignis.

Kapitän Jason von der Argo hält sich und sein Raumschiff für den ruhenden Pol des Universums. Er sieht, wie sich die Hades, nachdem sie an der Argo vorbeigeflogen ist, mit der Geschwindigkeit v nach Osten hin entfernt. Nach einiger Zeit wirft er einen Blick auf seine Uhr und stellt fest, dass seit der Begegnung der beiden Raumschiffe die Zeit t_A verstrichen ist. Dieser Blick auf die Uhr ist unser zweites Ereignis.

Mit Hilfe der Größe γ kann Jason berechnen, welche Zeit t_H seit der Begegnung auf der Hades verflossen ist (Die Indizes A und H stehen für »Argo« und »Hades«.):

$$t_H = \gamma \cdot t_A$$

Nun ersetzen wir die Abkürzung γ durch ihren eigentlichen Wert

$$t_H = \frac{1}{\sqrt{1 - (v/c)^2}} \cdot t_A$$

Beide Seiten der Gleichung werden mit $\sqrt{1 - (v/c)^2}$ multipliziert.

$$\sqrt{1 - (v/c)^2} \cdot t_H = t_A$$

Nun werden beide Seiten der Gleichung quadriert.

$$\left(1 - (v/c)^2\right) \cdot t_H^2 = t_A^2$$

Beide Seiten werden mit $(-c^2)$ malgenommen.

$$-c^2 \cdot \left(1 - (v/c)^2\right) \cdot t_H^2 = -c^2 \cdot t_A^2$$

Die Klammer auf der linken Gleichungsseite wird aufgelöst.

$$-c^2 \cdot t_H^2 + v^2 \cdot t_H^2 = -c^2 \cdot t_A^2$$

Schließlich werden noch die Quadrate zusammengefasst und in eine etwas andere Reihenfolge gebracht.

$$(v \cdot t_H)^2 - (c \cdot t_H)^2 = -(c \cdot t_A)^2$$

Betrachten wir nun für einen Moment die Situation mit den Augen von Kapitän Charon von der Hades. Er sieht, wie sich die Argo nach der Begegnung der beiden Raumschiffe mit der Geschwindigkeit v nach Westen hin entfernt. Nach der Zeit t_H beträgt der Abstand der beiden Raumschiffe aus seiner Sicht

$$x_H = v \cdot t_H$$

Das ist gerade der erste Klammerausdruck in unserer Gleichung. Wir können also $v \cdot t_H$ durch x_H ersetzen:

$$x_H^2 - \left(c \cdot t_H\right)^2 = -\left(c \cdot t_A\right)^2$$

Man kann zu jedem mathematischen Ausdruck 0 addieren, ohne dass er dadurch seinen Wert ändert. Davon machen wir nun Gebrauch:

$$x_H^2 - \left(c \cdot t_H\right)^2 = 0 - \left(c \cdot t_A\right)^2$$

Versetzen wir uns jetzt wieder in Kapitän Jasons Lage. Da er sein Raumschiff als den ruhenden Pol des Universums betrachtet, hat es sich aus seiner Sicht seit dem Zusammentreffen mit der Hades nicht vom Fleck bewegt, oder mit anderen Worten, es hat sich um die Strecke $x_A = 0$ vom Treffpunkt entfernt. Da x_A also den Wert 0 hat, dürfen wir x_A oder sogar x_A^2 ohne weiteres zu unserer Gleichung addieren, ohne dass sie sich dadurch verändert:

$$x_H^2 - \left(c \cdot t_H\right)^2 = x_A^2 - \left(c \cdot t_A\right)^2$$

Nun ziehen wir auf beiden Seiten der Gleichung noch die Wurzel:

$$\sqrt{x_H^2 - \left(c \cdot t_H\right)^2} = \sqrt{x_A^2 - \left(c \cdot t_A\right)^2}$$

Schließlich führen wir noch eine neue Abkürzung a ein, die wir den Raum-Zeit-Abstand nennen:

$$a = \sqrt{x^2 - \left(c \cdot t\right)^2}$$

Die Raum-Zeit-Abstände der beiden Ereignisse, die Jason und Charon messen, sind also:

$$a_A = \sqrt{x_A^2 - \left(c \cdot t_A\right)^2}$$

$$a_H = \sqrt{x_H^2 - \left(c \cdot t_H\right)^2}$$

Mit diesen Abkürzungen kann man das Ergebnis unserer Überlegungen kurz und knapp als $a_H = a_A$ schreiben.

Was bedeutet nun dieses Ergebnis? Das zweite Ereignis – Jasons Blick auf seine Uhr – findet nach Jasons eigener Ansicht in einem Zeitabstand t_A und in einem Raumabstand x_A vom ersten Ereignis – der Begegnung der beiden Raumschiffe – statt. Nach Charons Meinung sind die beiden Ereignisse jedoch durch einen zeitlichen Abstand t_H und einen räumlichen Abstand x_H voneinander getrennt. Weder über den Zeitabstand noch über den Raumabstand sind sich die beiden Kapitäne einig, wohl aber über den Raum-Zeit-Abstand. Er ist nach Jasons Messung genauso groß wie nach Charons Messung.

Wir haben uns den Raum-Zeit-Abstand nur für den eindimensionalen Fall überlegt, aber er kann leicht er-

weitert werden. Beim dreidimensionalen Raum beträgt
er

$$a = \sqrt{x^2 + y^2 + z^2 - \left(c \cdot t\right)^2}$$

Nach Einsteins Überlegungen ist weder der dreidimensionale räumliche Abstand noch der zeitliche Abstand absolut. Beide hängen davon ab, wie groß der Geschwindigkeitsunterschied zwischen den Ereignissen und demjenigen ist, der die Abstände misst. Der Raum-Zeit-Abstand hingegen ist absolut. Jeder, der diesen Raum-Zeit-Abstand zweier Ereignisse bestimmt, erhält den gleichen Wert, ganz egal, welche Geschwindigkeit er relativ zu diesen Ereignissen hat.

Wir wechseln nun die Szene und kehren aus dem Weltall zurück auf die Erde und gehen in den Wilden Westen.

In der Prärie begegnen sich zwei Reiter. Der eine fragt: »Wie weit ist es bis Dodge City?« Der andere antwortet: »Noch vier Stunden.«

Auf seine Frage nach einer räumlichen Entfernung bekommt der erste Reiter als Antwort keine Angabe in Meilen, sondern in Stunden. Trotzdem ist klar, was gemeint ist: Wenn der Mann mit normaler Geschwindigkeit weiterreitet, erreicht er Dodge City in vier Stunden. Das ist wahrscheinlich auch das, was der Reiter hören möchte. Will er aber tatsächlich die räumliche Entfernung wissen, so braucht er nur die genannte Zeit mit seiner Geschwindigkeit zu multiplizieren.

Einigt man sich auf eine bestimmte Geschwindigkeit, kann man jede Entfernungsangabe durch eine Zeitangabe ersetzen. Nicht nur Westernhelden, sondern auch Astronomen machen von dieser Möglichkeit Gebrauch. Sie drücken die riesigen Entfernungen im Weltall durch Lichtsekunden, Lichtminuten und Lichtjahre aus. Ähnlich wie die Reiter des Wilden Westens haben sie sich auf eine bestimmte Geschwindigkeit geeinigt, nämlich auf die Lichtgeschwindigkeit. Lichtsekunde, Lichtminute und Lichtjahr sind deshalb die Entfernungen, die ein Lichtteilchen in einer Sekunde, einer Minute oder einem Jahr zurücklegen kann. Natürlich kann man Lichtsekunden, Lichtminuten oder Lichtjahre auch in Meter umrechnen. Man muss sie nur mit der Lichtgeschwindigkeit multiplizieren.

Entfernung in Sekunden · Lichtgeschwindigkeit = Entfernung in Metern

Eine Strecke von einer Sekunde Länge entspricht deshalb

$$1 \text{ s} \cdot 299\,792\,458 \text{ m/s} = 299\,792\,458 \text{ m}$$

Ganz analog erhält man, dass eine Lichtminute 18 Millionen Kilometern und ein Lichtjahr 9,5 Billionen Kilometern entsprechen. Durch diese Zeiteinheiten ausgedrückt, ist der Mond von der Erde etwas mehr als ein Sekunde entfernt, die Sonne ungefähr acht Minuten und der Stern Wega 26 Jahre.

Man kann auch den umgekehrten Weg gehen und Zeiten durch Entfernungen ausdrücken. Dies machen zum Beispiel viele Physiker, die sich mit der Relativitätstheorie befassen. Auch hier muss man sich auf eine Geschwindigkeit einigen. Natürlich wird wieder die

Lichtgeschwindigkeit genommen. Eine Zeitdauer von einem Meter ist dann die Zeit, die ein Lichtteilchen benötigen würde, um eine Strecke von einem Meter zurückzulegen. Um Lichtmeter wieder in Sekunden umzurechnen, muss man sie nur durch die Lichtgeschwindigkeit teilen:

$$\frac{\text{Zeit in Meter}}{\text{Lichtgeschwindigkeit}} = \text{Zeit in Sekunden}$$

Eine Zeitdauer von einem Meter entspricht folglich

$$\frac{1\,\text{m}}{299\,792\,458\,\text{m/s}} = 0{,}000000003335641\,\text{s}$$

Jetzt kann man noch einen Schritt weitergehen und sagen: »Wozu brauche ich für die Zeit überhaupt eine eigene Einheit wie die Sekunde? Ich verzichte vollständig darauf und gebe sie immer in Metern an.« Das hat natürlich Konsequenzen. Dadurch ändert sich zum Beispiel auch die Einheit der Geschwindigkeit.

Eine Geschwindigkeit ist eine zurückgelegte Strecke, geteilt durch die dazu benötigte Zeit. Gibt man die Strecke in Metern und die Zeit in Sekunden an, hat die Geschwindigkeit die Einheit Meter/Sekunde. Haben jedoch Strecke und Zeit beide die Einheit Meter, so wird die Einheit der Geschwindigkeit zu Meter/Meter. Diesen Bruch kann man kürzen, und übrig bleibt eine 1. Die Geschwindigkeit ist damit zu einer einheitslosen physikalischen Größe geworden. Aber es gibt noch weitere Folgen. Bisher hatte die höchstmögliche Geschwindigkeit, also die Lichtgeschwindigkeit, den »krummen«

Bild 20: *Zeitangaben müssen nicht unbedingt in Jahren gemacht werden.* (Hier: 7 Jahre)

und wenig einprägsamen Wert 299 792 458 m/s. Da nun eine Sekunde gleich der Strecke ist, die ein Licht-teilchen in einer Sekunde zurücklegt, also gleich 299 792 458 m, können wir im Nenner des Bruches

$$c = \frac{299\,792\,458 \text{ m}}{1 \text{ s}}$$

1 s durch 299 792 458 m ersetzen. Dadurch erhalten wir

$$c = \frac{299\,792\,458 \text{ m}}{299\,792\,458 \text{ m}} = 1$$

Die Lichtgeschwindigkeit ist somit zu der einheitslosen Zahl 1 geworden, und alle anderen möglichen Geschwindigkeiten sind Zahlen zwischen 0 und 1. Ist dies nicht sehr einfach und elegant?

Betrachten wir noch ein Beispiel. Wenn eine Rakete die Geschwindigkeit 0,25 hat, so fliegt sie mit einem Viertel der Lichtgeschwindigkeit. Diese Angabe ist viel aussagekräftiger, als wenn man sagt, sie habe die Geschwindigkeit 74 948 114,5 m/s.

Um Zeiten, die wir bislang immer in Sekunden angeben haben, nicht mit denen in Metern zu verwechseln, werden wir die Sekunden-Zeiten wie bisher mit einem kleinen t abkürzen und die Meter-Zeiten mit einem großen T. Kommen wir jetzt wieder zurück zum Raum-Zeit-Abstand. Der räumliche Abstand a_R und der zeitliche Abstand a_Z zweier Ereignisse sind:

$$\text{räumlich: } a_R = \sqrt{x^2 + y^2 + z^2}$$

$$\text{zeitlich: } a_Z = \sqrt{T^2}$$

Beide Abstände sind in Metern angegeben.

Der Raum-Zeit-Abstand a der Relativitätstheorie ist eine Mischung aus dem räumlichen und dem zeitlichen Abstand:

141

$$a = \sqrt{x^2 + y^2 + z^2 - T^2}$$

Schauen wir uns diese Vermischung von Raum und Zeit etwas näher an.

eindimensional: $\quad a_R = \sqrt{x^2}$

zweidimensional: $\quad a_R = \sqrt{x^2 + y^2}$

dreidimensional: $\quad a_R = \sqrt{x^2 + y^2 + z^2}$

dreidimensional + $\quad a_R = \sqrt{x^2 + y^2 + z^2 - T^2}$
zeitlich:

Die Abstandsgleichung entwickelt sich von einer Dimension zur nächsten nach einer einfachen Systematik: Unter dem Wurzelzeichen werden die Quadrate der Abstände in den einzelnen Raumrichtungen einfach zusammengezählt: Bei einer Dimension ist es nur ein Abstandsquadrat, bei zwei Dimensionen sind es zwei Abstandsquadrate, und bei drei Dimensionen sind es drei Abstandsquadrate. Gäbe es noch eine vierte Raumdimension, so käme auch noch ein viertes Abstandsquadrat hinzu. Wir haben jedoch keine vierte Raumdimension, sondern noch eine Zeitdimension, die wir aber in Metern ausdrücken. Diese Zeitdimension wird fast so behandelt wie eine Raumdimension. Ihr Abstandsquadrat wird auch unter das Wurzelzeichen gesetzt, nur wird es abgezogen und nicht dazugezählt. Von diesem kleinen Unterschied einmal abgesehen, verhält sich der Zeitabstand genauso wie die Raumrichtungsabstände, und deshalb nennt man die Zeit oft die vierte Dimension. Wenn man es jedoch genau nimmt, so darf man das Minuszeichen unter der Wurzel natürlich nicht einfach übersehen, und das bedeutet, die Zeit verhält sich zwar so ähnlich wie eine Raumdimension, aber eben doch nicht ganz genauso.

Fassen wir noch einmal zusammen. In der nicht ganz korrekten Physik von Isaac Newton ist die Geschwindigkeit des Lichts relativ, also von der Geschwindigkeit desjenigen abhängig, der sie misst. Sowohl der räumliche Abstand als auch der zeitliche Abstand zweier Ereignisse sind hingegen absolut, das heißt, unabhängig von der Geschwindigkeit desjenigen, der sie misst. In Albert Einsteins Physik jedoch ist die Lichtgeschwindigkeit absolut, und der räumliche und auch der zeitliche Abstand zweier Ereignisse sind relativ. Der Raum-Zeit-Abstand allerdings ist absolut. Die Zeit verhält sich fast so wie eine vierte räumliche Dimension.

Der Göttinger Mathematiker Hermann Minkowski, der schon kurz nachdem Einstein die Relativitätstheorie veröffentlicht hatte, sich intensiv damit beschäftigte und ihre mathematische Formulierung verbesserte, sagte 1908 in einem berühmt gewordenen Vortrag: »Von Stund an sollen Raum für sich und Zeit für sich völlig zu Schatten herabsinken, und nur noch eine Art Union der beiden soll Selbstständigkeit bewahren.«

Erhaltungsgrößen

Wenn ab jetzt kein Land der Erde mehr neues Geld drucken und niemand Geld vernichten würde, dann wäre die Gesamtsumme des Geldes auf der Welt immer gleich. Diese Unveränderbarkeit der Geldsumme gilt allerdings nur weltweit und nicht für einzelne Staaten oder Menschen. Mein Geldbesitz kann sich durchaus ändern. Er kann mit der Zeit größer, aber leider auch kleiner werden; ja, er kann sogar negativ sein, nämlich wenn ich Schulden habe. Dieses gilt für jeden anderen Menschen auf der Welt auch. Kein einziger Geldbesitz braucht konstant zu sein, trotzdem ändert sich die Gesamtsumme niemals. Physiker drücken diese Tatsache etwas umständlich aus, indem sie sagen: »Die Gesamtsumme des Geldes ist eine Erhaltungsgröße.«

Das Geld der Newtonschen Physik heißt Masse, Impuls und Energie. Die Gesamtmenge an Masse, die Gesamtmenge an Impuls und die Gesamtmenge an Energie im Universum haben feste Werte, die sich niemals verändern. Diese Massen-, Impuls- und Energiemengen teilen sich die Objekte, die es im Universum gibt, untereinander auf. Genau, wie wirkliches Geld unter den Menschen ständig im Fluss ist und jeder mal mehr und mal weniger davon besitzt, werden auch Massen, Impulse und Energien unter den verschiedenen Objekten des Universums ausgetauscht. Kein Gegenstand des Weltalls muss immer nur die gleichen Mengen an Masse, Impuls und Energie haben.

Bild 21: *Geld ist genau wie Masse, Impuls und Energie eine Erhaltungsgröße.*

Die Physiker sagen, Gesamtmasse, Gesamtimpuls und Gesamtenergie des Universums sind Erhaltungsgrößen der Newtonschen Physik. Diese Erhaltungsgrößen sind einer der Grundpfeiler der Physik und gleichzeitig eines

145

der wirkungsvollsten Werkzeuge zum Lösen von physikalischen Problemen.

Es gibt übrigens noch mehr Erhaltungsgrößen in der Physik. Sie sind aber für unsere Belange unwichtig.

Angenommen, ein Staat würde jeden Geldverkehr mit anderen Staaten unterbinden. Kein Geld fließt mehr aus dem Land hinaus, und kein Geld kommt herein. Dann würde die Gesamtgeldmenge in diesem Land sich nicht mehr verändern können, sie wäre also eine Erhaltungsgröße.

Genau das Gleiche kann auch bei Massen, Impulsen und Energien im Universum auftreten. Wenn beispielsweise aus einem Haus keine Masse hinaus- und in das Haus keine hineingetragen wird, dann ist die Gesamtmasse in dem Haus konstant. Trotzdem kann natürlich ständig Masse vom Keller auf den Dachboden und von der Küche in das Badezimmer transportiert werden. Physiker nennen einen Bereich des Universums, aus dem keine Masse hinaus- und in das keine Masse hineinfließt, ein abgeschlossenes System. Das bedeutet, in einem abgeschlossenen System hat die Gesamtmasse einen festen Wert, der sich niemals verändert. Das Haus aus dem Beispiel ist folglich ein abgeschlossenes System. Falls in einem Bereich keine Impulse hinaus- oder hereinfließen oder keine Energien hinaus- oder hereinfließen, hat man ein abgeschlossenes System für Impulse beziehungsweise für Energien. Der Staat, der jeden Geldverkehr mit anderen Staaten unterbunden hat, ist ein abgeschlossenes System für Geld.

Wir haben uns nun zwar eine wichtige Eigenschaft von Massen, Impulsen und Energien angesehen, aber wir wissen immer noch nicht, was die Größen eigentlich sind. Dies soll in den nächsten drei Kapiteln nachgeholt werden.

Masse nach Isaac Newton

Für dieses Kapitel wollen wir die Relativitätstheorie vergessen und uns nur mit der Newtonschen Physik beschäftigen.

Newton möchte ein neues Auto haben, einen richtig spritzigen Wagen, mit dem er an Ampeln einen eleganten Kavalierstart machen kann und mit dem er noch auf den kürzesten Strecken vor den unübersichtlichsten Kurven überholen kann. »Nehmen Sie diesen hier«, sagt der Verkäufer und zeigt auf einen schnittigen roten Sportwagen. »Der hat eine irre Beschleunigung: von 0 auf 100 in 10 Sekunden!« Newton macht eine Probefahrt auf der Autobahn. Tatsächlich: Wenn er das Gaspedal ganz durchtritt, schafft es die Kraft des Motors, den Wagen innerhalb von zehn Sekunden aus dem Stillstand auf die Geschwindigkeit von 100 km/h zu beschleunigen. Newton ist begeistert und kauft das Auto.

Als Newton einige Tage später in Urlaub fährt und seine Frau und seine drei Kinder in dem Wagen sitzen, der Kofferraum voller Gepäck ist und auch noch ein kleiner Anhänger gezogen wird, schafft er es immer noch, sein Auto aus dem Stillstand auf eine Geschwindigkeit von 100 km/h zu beschleunigen. Allerdings dauert es jetzt 20 Sekunden.

»Wie kommt es, dass der Wagen jetzt viel träger reagiert und sich seine Geschwindigkeit viel langsamer erhöht?«, fragt sich Newton nachdenklich. »An der Kraft des Motors kann es ja wohl nicht liegen, denn die hat sich nicht geändert.«

Jeder Gegenstand, den es im Universum gibt, ändert seine Geschwindigkeit, wenn eine Kraft auf ihn drückt oder an ihm zerrt. Allerdings ändern bei gleicher Kraft verschiedene Gegenstände auch meistens verschieden schnell ihre Geschwindigkeit. Die Motorkraft kann Newtons leeres Auto in zehn Sekunden von 0 km/h auf 100 km/h beschleunigen, für das voll gepackte Auto braucht dieselbe Motorkraft zwanzig Sekunden.

Wie schnell oder wie träge ein Gegenstand auf eine Kraft reagiert, ist eine Eigenschaft dieses Gegenstandes, ebenso wie zum Beispiel seine Form oder seine Größe zu seinen Eigenschaften gehören. Diese Eigenschaft wird in der Physik »Masse« genannt und in Kilogramm (kg) gemessen. Je größer die Masse eines Gegenstandes ist, desto träger reagiert er auf Kräfte, das heißt, desto langsamer ändert er seine Geschwindigkeit. Newton hat also die Masse seines Autos erhöht, deshalb benötigt der Motor jetzt zwanzig Sekunden anstatt zehn Sekunden, um die Geschwindigkeit von 0 km/h auf 100 km/h zu steigern.

Nach Newtons Theorie hat ein Gegenstand, bei dem man keine Materie fortnimmt oder dazutut, immer die gleiche Masse, ganz egal, wo sich der Gegenstand befindet, wie warm oder kalt er ist, welche Form er hat und wie schnell er sich bewegt. Masse ist also eine absolute physikalische Größe, die jedermann gleich groß misst.

Umgangssprachlich werden häufig Masse und Gewicht eines Gegenstandes in einen Topf geworfen und beide in Kilogramm angegeben. Dies ist physikalisch nicht korrekt. Das Gewicht eines Gegenstandes ist die Kraft, mit der er von der Erde angezogen wird. Es ist keineswegs immer und überall gleich. Auf dem Mount Everest wiegt ein Mensch etwas weniger als in Hamburg, und auf dem Mond beträgt sein Gewicht nur noch etwa ein Sechstel seines Gewichtes auf der Erde. Trotzdem ist seine Masse immer dieselbe, sowohl auf dem Mount Everest als auch in Hamburg und auf dem Mond. An Gewicht kann man verlieren, wenn man sich am passenden Ort wiegt, aber um seine Masse zu verringern, da hilft nur eine Diät. Man muss Materie (Fett) verlieren.

Stellen wir uns einmal eine Weltraumstation vor mit hermetisch verschlossenen Fenstern und Türen. Keinerlei Materie kann aus der Raumstation hinaus oder in sie herein, weder Menschen noch Gegenstände, weder Flüssigkeiten noch Gase. Die Raumstation ist folglich ein abgeschlossenes System. In der Station wird gearbeitet: Es werden Bleche geschnitten, Stäbe zersägt, Maschinen montiert, und der Schweiß der Astronauten tropft zu Boden. Innerhalb der Station wird die Materie ständig anders verteilt, trotzdem bleibt die Gesamtmasse in der Station unverändert. Die Gesamtmasse hat also einen festen Wert.

Betrachtet man das Universum als Raumstation mit verschlossenen Türen und Fenstern, aus der keine Materie hinaus- und in die keine hineinkann, so ist es einleuchtend, dass die Gesamtmasse im Universum immer gleich bleiben muss, dass sie also eine Erhaltungsgröße ist.

Diese Erkenntnis ist noch gar nicht so alt. Bis weit ins 18. Jahrhundert hinein glaubten die Wissenschaftler, bei der Verbrennung würde Masse vernichtet. Anschaulich schien das völlig klar zu sein. Verbrannte man einen riesigen Holzhaufen, für dessen Heranschaffung ein ganzes Pferdefuhrwerk notwendig war, so blieb nur ein Häufchen Asche übrig, das ein einzelner Mann bequem in einem Eimer wegtragen konnte. Der französische Chemiker Antoine Laurent Lavoisier (1743–1794) wollte es jedoch genau wissen. Er stellte ein geschlossenes Glasgefäß auf eine empfindliche Waage und verbrannte darin ein Stück Holz. Übrig blieb, wie nicht anders zu erwarten, auch hier nur ein wenig Asche. Aber diesmal konnte der Rauch nicht einfach in der Luft verschwinden, sondern er blieb in dem Gefäß und wurde mitgewogen. Das Ergebnis war für Lavoisiers Zeitgenossen überraschend: Die Waage zeigte vor, während und nach der Verbrennung immer den gleichen Ausschlag. Die Masse konnte sich also durch das

Antoine Laurent Lavoisier

Antoine Laurent Lavoisier wurde am 26. August 1743 in Paris geboren. Er begann ein Jurastudium an der Universität Paris, das er 1746 abschloss. Doch anstatt als Jurist zu arbeiten, forschte er an einem geowissenschaftlichen Projekt mit. Später befasste er sich dann mit der Chemie. 1768 gründete Lavoisier ein privates Steuereintreibungsunternehmen, von dessen Gewinnen er sich ein privates chemisches Labor einrichtete und unterhielt. Ab 1775 leitete er die Königliche Pulververwaltung.

Lavoisiers erste wissenschaftliche Arbeit handelt über Gips. Er war dabei der Erste, der vor und nach den chemischen Prozessen exakte Gewichtsbestimmungen durchführte. Er fand heraus, dass die Produkte einer Verbrennung, also Asche und Rauch, schwerer sind als der ursprüngliche Stoff. Dies erklärte Lavoisier dadurch, dass beim Verbrennen Sauerstoff aus der Luft aufgenommen wird. Er wies nach, dass bei keinem chemischen Prozess, also auch nicht beim Verbrennen, Masse verloren geht (Gesetz von der Erhaltung der Masse). Im Jahre 1778 entdeckte er, dass Luft aus mindestens zwei verschiedenen Gasen bestehen muss: Das eine nannte er Sauerstoff und das andere »azote«, im Deutschen später als Stickstoff bekannt geworden. In den Achtzigerjahren gelang es Lavoisier, das Gas Wasserstoff nachzuweisen. Im Jahre 1787 veröffentlichte er gemeinsam mit einigen anderen Chemikern die »Methoden chemischer Nomenklatur«, nach der jede chemische Verbindung nach den Elementen benannt ist, aus denen sie zusammengesetzt ist.

Während der Französischen Revolution wurde Lavoisier in Paris von einem Revolutionstribunal wegen seiner Tätigkeiten als Königlicher Pulververwalter und als Steuereintreiber zum Tode verurteilt und am 5. Mai 1794 in Paris hingerichtet.

Verbrennen nicht verringert haben. Sie hatte nur ihre Form verändert. Aus dem Holz und dem Sauerstoff der

Luft waren Asche, Rauchteilchen und Verbrennungs-
gase geworden. Daraus folgerte Lavoisier dann: »Die Gesamtmasse im Universum hat einen festen und unveränderlichen Wert.«

Hat man ein Objekt, das zunächst einmal ruht und
das dann auf eine bestimmte Geschwindigkeit v gebracht wird und dazu eine gewisse Zeit t benötigt, so
nennt man das Verhältnis

$$\frac{\text{erreichte Geschwindigkeit}}{\text{benötigte Zeit}} = \text{Beschleunigung}$$

Gewöhnlich kürzt man den Begriff »Beschleunigung«
mit dem Buchstaben a ab, sodass man auch kurz schreiben kann:

$$\frac{v}{t} = a$$

Je größer die Masse eines Objektes ist, desto kleiner ist
die Beschleunigung, die eine bestimmte Kraft hervor-
ruft, das heißt, umso länger dauert es, ein Objekt auf
eine bestimmte Geschwindigkeit zu bringen. Verdoppelt man beispielsweise die Masse eines Gegenstandes,
so halbiert sich die Beschleunigung, oder verdreifacht
man die Masse, beträgt die Beschleunigung nur noch
ein Drittel. Bezeichnet man die Masse eines Objektes
mit m, kann man dieses Verhalten durch eine einfache
Gleichung beschreiben:

$$\frac{F}{m} = a$$

Sie ist eine der berühmtesten Gleichungen der Physik und unter dem Namen »Zweites Newtonsches Gesetz« bekannt. Isaac Newton veröffentlichte sie 1687 in seinem Buch »Philosophia naturalis principia mathematica«.

Man kann diese Gleichung auch, indem man beide Seiten mit m multipliziert, als $F = m \cdot a$ schreiben und sie dann so lesen: Wenn ein Gegenstand, der die Masse m hat, eine Beschleunigung a erhalten soll, dann ist dazu eine Kraft $F = m \cdot a$ notwendig.

Also: Wenn ein Auto von 1000 kg Masse aus dem Stillstand innerhalb von zehn Sekunden eine Geschwindigkeit von 108 km/h = 30 m/s erreichen soll, dann muss es mit (30 m/s)/10 s = 3 m/s^2 beschleunigt werden, und der Motor muss eine Kraft von 1000 kg $\cdot$ 3 m/s^2 = 3000 kg $\cdot$ m/s^2 aufbringen.

Damit man nicht bei jeder Kraft die lange Einheit »Kilogramm mal Meter geteilt durch Quadratsekunde« sagen muss, hat man hierfür eine eigene Einheit geschaffen, die man Isaac Newton zu Ehren Newton genannt hat und die mit N abgekürzt wird. Der Automotor aus dem Beispiel muss deshalb eine Kraft von 3000 Newton aufbringen.

Impuls

Jedes Objekt des Universums hat eine Reihe von Eigenschaften. Eine davon ist, dass es einen bestimmten Geschwindigkeitswert hat, und eine zweite ist, dass es einen bestimmten Massenwert hat. In der Physik fasst man diese beiden Eigenschaften oft zusammen und nennt das Produkt aus Masse und Geschwindigkeit den Impuls des Objektes. Er wird meistens mit dem Buchstaben p abgekürzt:

Impuls eines Objektes = Masse des Objektes · Geschwindigkeit des Objektes

oder

$$p = m \cdot v$$

Damit sich die Geschwindigkeit eines Objektes ändert, muss eine Kraft an ihm zerren oder drücken, die es abbremst oder beschleunigt. Wenn also keine Kraft wirkt und auch niemand Materie von dem Gegenstand fortnimmt oder hinzufügt, dann sind seine Geschwindigkeit und seine Masse konstant und damit auch sein Impuls.

Schauen wir uns nun wieder unsere Raumstation aus dem letzten Kapitel an. In der Station befinden sich viele Gegenstände, die auch ihre Geschwindigkeit verändern können. Beispielsweise liegt eine Schraube zuerst im Regal ($v = 0$ km/h), dann wird sie zur Werkbank gebracht ($v = 3$ km/h) und dort abgelegt ($v = 0$ km/h). Die Gegenstände brauchen auch nicht immer die gleiche Masse zu haben. In einen Metallklotz von 1 kg

Masse kann ein Loch gebohrt werden, und anschließend beträgt seine Masse nur noch 0,9 kg. Die Impulse
der Stationsgegenstände können sich also ständig verändern.

Angenommen, es wirken keinerlei Kräfte von außer-
halb in die Raumstation hinein, das heißt, es drückt
oder zieht niemand von außen durch die Fenster an den
Gegenständen in der Station, dann kann sich der Gesamtimpuls in der Station nicht verändern. Mit anderen
Worten: Der Gesamtimpuls ist konstant. Das bedeutet
jedoch keineswegs, dass auch die Impulse der einzelnen Gegenstände innerhalb der Station konstant sein
müssen.

Die Impulse in der Raumstation verhalten sich wie
das Geld in einem Staat. Ist der Geldverkehr mit dem
Ausland unterbunden, so bleibt die Geldmenge in dem
Land immer gleich. Trotzdem kann natürlich ein reger
Geldverkehr unter den einzelnen Bewohnern des Landes stattfinden. Genauso können Impulse von einem
Gegenstand der Station auf einen anderen übertragen
werden. Kein Objekt innerhalb der Station braucht immer den gleichen Impuls zu besitzen, und trotzdem ändert sich nicht die Gesamtmenge an Impuls.

Impulse sind allerdings ein etwas komplizierteres
physikalisches Geld als Massen. Impulse gibt es näm-
lich in drei verschiedenen Währungen, und die gesamte
Geldmenge in jeder Währung ist für sich konstant. Bei
Impulsen unterscheidet man, in welche Raumrichtung
sich der Besitzer des Impulses bewegt. Wir wollen der
Einfachheit halber die drei Raumrichtungen als Nord-
Süd-, als Ost-West- und als Oben-Unten-Richtung be-

zeichnen. Das heißt nun, die Gesamtmenge an Impuls von allen Objekten, die sich in Nord-Süd-Richtung bewegen, hat einen festen und unveränderlichen Wert. Entsprechend verhält es sich mit den Objekten, die sich in die beiden anderen Raumrichtungen bewegen. Genau wie ein Mensch gleichzeitig Euro, Dollar und Yen besitzen kann, kann auch ein Objekt gleichzeitig Impuls der Nord-Süd-, der Ost-West- und der Oben-Unten-Richtung haben. Fliegt beispielsweise ein Flugzeug nach Nordosten, so hat es gleichzeitig Nord-Süd-Impuls und Ost-West-Impuls.

Auch das Zusammenzählen von Impulsen ist etwas komplizierter, als man meinen sollte, und funktioniert so ähnlich wie das Zusammenzählen von Geld. Angenommen, Sie haben 700 Euro Schulden auf Ihrem Bankkonto und 500 Euro Bargeld in Ihrem Portemonnaie. Wie groß ist Ihr Besitz? 700 Euro + 500 Euro = 1200 Euro? Nein, natürlich nicht. Soll und Haben besitzen verschiedene Vorzeichen: Soll-Beträge sind negativ und Haben-Beträge positiv. Das heißt, auf Ihrem Konto besitzen Sie − 700 Euro, in Ihrem Portemonnaie + 500 Euro, und insgesamt beträgt Ihr Vermögen (− 700 Euro) + (+ 500 Euro) = − 200 Euro. Alles in allem haben Sie also 200 Euro Schulden.

Auch Impulse haben ein Vorzeichen. Bei jeder der drei Impulsarten – Nord-Süd-Impuls, Ost-West-Impuls und Oben-Unten-Impuls – gibt es jeweils zwei Richtungen, in die sich der Besitzer des Impulses bewegen kann. Das Vorzeichen des Impulses gibt diese Richtung an. Hat ein Objekt einen Nord-Süd-Impuls und bewegt es sich nach Norden, ist sein Impuls positiv, bewegt es sich hingegen nach Süden, ist er negativ. Entsprechend ist eine Bewegung nach Osten ein positiver und eine Bewegung nach Westen ein negativer Ost-West-Impuls. Beim Oben-Unten-Impuls ist nach oben die positive und nach unten die negative Richtung.

Bild 22: *Zwei Billardkugeln gleicher Masse rollen mit gleichen Geschwindigkeiten aufeinander zu. Die linke Kugel hat vor dem Stoß einen positiven und die rechte einen negativen Impuls. Nach dem Zusammenstoß hat die linke Kugel einen negativen und die rechte Kugel einen positiven Impuls. Der Gesamtimpuls beider Kugeln zusammen ist vor, während und nach dem Stoß immer 0.*

Ein Beispiel: Zwei Billardkugeln rollen in Ost-West-Richtung aufeinander zu *(Bild 22)*. Sie haben beide eine Masse von 0,2 kg und beide Geschwindigkeiten von 5 m/s relativ zum Billardtisch. Die linke Kugel hat also einen positiven Impuls von 0,2 kg · 5 m/s = 1 kg · m/s und rollt nach Osten. Die rechte Kugel hat einen negativen Impuls von − 1 kg · m/s und rollt nach Westen. In Nord-Süd- und in Oben-Unten-Richtung haben beide Kugeln keinen Impuls. Der Gesamtimpuls in Ost-West-Richtung beider Kugeln beträgt

$$p = \left(+1 \text{ kg} \cdot \text{m/s}\right) + \left(-1 \text{ kg} \cdot \text{m/s}\right) = 0 \text{ kg} \cdot \text{m/s}$$

Nachdem die beiden Kugeln zusammengeprallt sind, rollen sie wieder mit den gleichen Geschwindigkeiten dahin zurück, wo sie hergekommen sind. Nun rollt also die linke Kugel nach Westen und hat den negativen Impuls − 1 kg · m/s, und die rechte Kugel rollt nach Osten und hat deshalb den positiven Impuls 1 kg · m/s. Beide Kugeln haben ihren Impuls durch den Zusammenprall geändert, aber der Gesamtimpuls beträgt immer noch 0 kg · m/s.

Masse nach Albert Einstein

Texas, 1860. Wyatt Earp steht auf einem Felsen in der Wüste und beobachtet zwei Postkutschen, die gleich schnell die Landstraße entlangfahren, die eine nach Osten und die andere nach Westen. Beide Kutschen fahren, jeweils aus Sicht der beiden Kutscher, am äußeren rechten Fahrbahnrand. Sie haben also parallele Bahnen.

In den zwei Kutschen sitzen die beiden verfeindeten Revolverhelden Billy the Kid und Doc Holliday, die absolut perfekte Schützen sind. Kurz bevor die Kutschen aneinander vorbeifahren, geben beide Revolverhelden einen Schuss ab. Doc Holliday, der in der nach Osten fahrenden Kutsche sitzt, schießt aus seiner Sicht quer zur Straße genau nach Norden, und Billy the Kid, in der nach Westen fahrenden Kutsche, schießt seiner Ansicht nach genau nach Süden.

Was sieht Wyatt Earp? Er sieht die zwei Kutschen mit gleichen Geschwindigkeiten fahren, die eine nach Osten, die andere nach Westen *(Bild 23)*. Er stellt deshalb fest, die Zeit in den beiden Kutschen verstreicht gleich schnell, aber langsamer als seine eigene. Er bemerkt, dass Doc und Billy gleichzeitig mit ihren Revolvern feuern, und zwar beide schräg zu ihren Fahrtrichtungen. Da er ein sehr scharfes Auge hat, sieht er, wie die beiden Revolverkugeln genau über der Straßenmitte zusammenprallen. Beide Kugeln ändern dadurch ihre Richtung und fliegen unter dem gleichen Winkel schräg zur Fahrbahn zu der Straßenseite zurück, von der sie abgefeuert wurden. Da nach dem Abschuss der Kugeln die

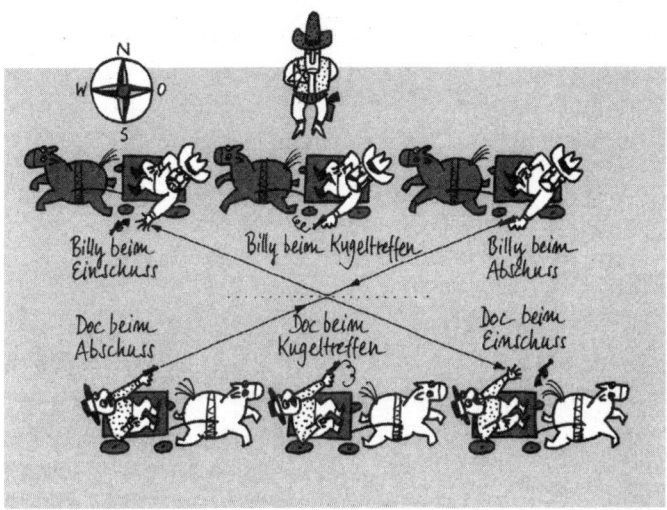

Bild 23: *Wyatt Earps Sicht des Duells zwischen Billy the Kid und Doc Holliday. Beide feuern gleichzeitig schräg zur Fahrbahn mit ihren Revolvern. Die beiden Kugeln prallen über der Straßenmitte zusammen. Sie ändern dadurch ihre Richtungen und fliegen unter dem gleichen Winkel schräg zur Fahrbahn zu der Straßenseite zurück, von der sie abgefeuert wurden. Da nach den Schüssen die Kutschen weiterfahren, geraten die Revolverhelden beide in die Flugbahn ihrer eigenen Kugeln.*

Kutschen weiterfahren, geraten die Revolverhelden beide in die Flugbahn ihrer eigenen Projektile und erschießen sich auf diese Weise selbst.

Wie steht es mit den Impulsen der zwei Revolverkugeln?

Zuerst einmal Wyatt Earps Sicht. In Ost-West-Richtung haben beide Kugeln die Geschwindigkeit der Kutschen. Wir wollen sie v_W nennen. (Der Index W steht für Wyatt Earps Sicht.) Wyatt Earp weiß, dass alle Revolverkugeln die gleiche Masse haben. Da wir schon beim Raum und bei der Zeit festgestellt haben, dass die Werte von manchen physikalischen Größen Privatangelegenheiten sind, geben wir den Projektilmassen aus Wyatt Earps Sicht sicherheitshalber den Index W mit. Wir kürzen sie also mit m_W ab. Somit hat Docs Kugel den Ost-West-Impuls $p_W' = + \, m_W v_W$ und Billys Kugel den Ost-West-Impuls $p_W'' = - m_W v_W$ (Alle physikalischen Größen, die Docs Revolverkugel beschreiben, sind mit einem Apostroph, und alle Größen, die Billys Kugel beschreiben, sind mit zwei Apostrophen versehen.) Der Gesamtimpuls p_W beider Kugeln in Ost-West-Richtung beträgt also

$$p_W = p_W' + p_W'' = \left(+ \, m_W v_W\right) + \left(- \, m_W v_W\right) = 0$$

Nach dem Zusammenprall der Geschosse hat sich an den Geschwindigkeiten in Ost-West-Richtung nichts verändert. Das bedeutet, sowohl die einzelnen Impulse als auch der Gesamtimpuls in Ost-West-Richtung sind geblieben, wie sie waren.

Um die Geschwindigkeiten und Impulse in Nord-Süd-Richtung nicht mit denen in Ost-West-Richtung zu verwechseln, kürzen wir sie statt mit v und p mit u und q ab.

Die Abschussgeschwindigkeiten der Kugeln in Nord-Süd-Richtung sind aus Wyatt Earps Sicht auch beide gleich, und wir wollen sie u_W nennen. Der Impuls von Docs Kugel in Nord-Süd-Richtung beträgt demnach

$q_W' = + m_W u_W$ und der von Billys $q_W'' = - m_W u_W$. Der Gesamtimpuls q_W für diese Richtung ist also auch null.

$$q_W = q_W' + q_W'' = \left(+ m_W u_W \right) + \left(- m_W u_W \right) = 0$$

Nach dem Zusammenstoß der Kugeln haben beide von ihrer Nord-Süd-Bewegung die Richtung umgekehrt, ohne allerdings ihre Geschwindigkeiten zu ändern. Das heißt, die Impulse betragen jetzt $q_W' = - m_W u_W$ und $q_W'' = + m_W u_W$. Am Gesamtimpuls ändert sich dadurch jedoch nichts, er bleibt weiterhin null.

Fassen wir noch einmal zusammen: Aus Wyatt Earps Sicht ist der Gesamtimpuls der beiden Kugeln sowohl in Ost-West-Richtung als auch in Nord-Süd-Richtung vor und nach dem Schuss unverändert null.

Schauen wir uns jetzt die Schießerei aus der Perspektive von Doc Holliday an *(Bild 24)*. Doc betrachtet sich selbst als ruhend und sieht Billy mit einer Geschwindigkeit v_D nach Westen fahren. (Der Index D steht für Docs Sichtweise.) Doc schießt seine Kugel genau nach Norden ab. Sie fliegt bis zur Straßenmitte, prallt dort gegen die schräg von vorne kommende Kugel von Billy und fliegt auf derselben Bahn mit der gleichen Geschwindigkeit zurück. Docs Kugel war nach seiner eigenen Messung eine Zeit t_D unterwegs. Als Straßenbreite misst er den Wert L_D.

Billy the Kid nimmt aus seiner Kutsche etwas ganz Ähnliches wahr *(Bild 25)*. Er betrachtet sich als ruhend und sieht, wie Doc mit einer Geschwindigkeit v_B nach Osten fährt. (Der Index B steht für Billys Sichtweise.) Seine Kugel schießt er genau nach Süden ab. Auch sie

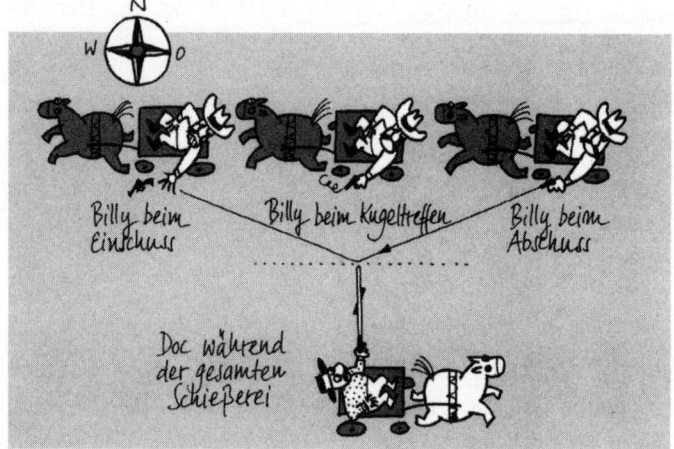

Billy beim Einschuss
Billy beim Kugeltreffen
Billy beim Abschuss

Doc während der gesamten Schießerei

Bild 24: *Doc Hollidays Sicht des Duells. Doc betrachtet sich als ruhend und sieht Billy nach Westen fahren. Er schießt seine Kugel genau nach Norden ab. Sie fliegt bis zur Straßenmitte, prallt dort gegen die schräg von vorne kommende Kugel von Billy und fliegt auf derselben Bahn mit der gleichen Geschwindigkeit zurück.*

fliegt bis zur Straßenmitte, prallt dort gegen die schräg von vorne kommende Kugel von Doc und fliegt auf derselben Bahn mit der gleichen Geschwindigkeit zurück. Seine eigene Kugel war seiner Messung nach die Zeit t_B unterwegs, und die Straße hat die Breite L_B. Wyatt Earp kann von seinem Beobachtungsposten aus erkennen, dass die Situation für Doc Holliday und Billy the Kid völlig gleich ist. Folglich ist die Flugzeit t_D, die Doc für seine eigene Kugel misst, genauso groß wie die Flugzeit t_B, die Billy für seine Kugel misst.

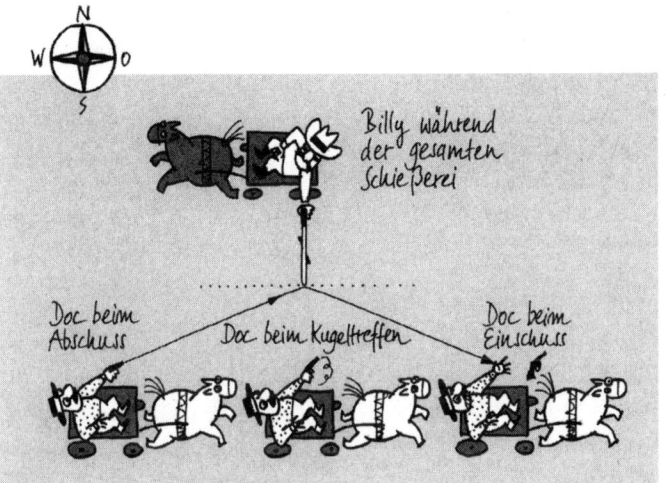

Bild 25: *Das Duell aus der Sicht von Billy the Kid. Billy betrachtet sich als ruhend und sieht Doc nach Osten fahren. Er schießt seine Kugel genau nach Süden ab. Sie fliegt bis zur Straßenmitte, prallt dort gegen die schräg von vorne kommende Kugel von Doc und fliegt auf derselben Bahn mit der gleichen Geschwindigkeit zurück.*

$$t_B = t_D$$

Auch die Geschwindigkeiten, die Billys Kutsche aus Docs Sicht hat und die, die Docs Kutsche aus Billys Sicht hat, sind gleich.

$$v_B = v_D$$

Über die Straßenbreite sind sich alle Beteiligten – Doc Holliday, Billy the Kid und Wyatt Earp – einig, denn sie ist eine Strecke, die quer zu den Fahrtrichtungen der Postkutschen liegt, und wird deshalb von allen als ruhend angesehen und somit gleich lang gemessen. Folglich dürfen wir den Index für die Sichtweise weglassen und die Straßenbreite mit einem einfachen L abkürzen:

$$L_D = L_B = L_W = L$$

Was aber stellt Doc über Billys Kugel fest? Doc überlegt: »Billy hat eine Geschwindigkeit von v_D, folglich verstreicht in seiner Kutsche die Zeit langsamer, und zwar gerade um den Faktor γ.« Da Billy als Flugdauer seiner eigenen Kugel die Zeit t_B misst, bedeutet das, dass sie aus Docs Sicht die Zeit $\gamma \cdot t_B$ unterwegs ist.

Billys Kugel legt in Nord-Süd-Richtung zweimal die halbe Straßenbreite, also eine Strecke L, in der Zeit $\gamma \cdot t_B$ zurück. Folglich hat sie in Nord-Süd-Richtung die Geschwindigkeit

$$u_D{}'' = \frac{L}{\gamma \cdot t_B}$$

Nun können wir uns noch zu Nutze machen, dass beide Schützen die Flugzeiten ihrer eigenen Kugel als gleich lang sehen. Wir können deshalb t_B durch t_D ersetzen und erhalten

$$u_D{}'' = \frac{L}{\gamma \cdot t_D}$$

Die Geschwindigkeit von Docs eigener Kugel in Nord-Süd-Richtung ist

$$u_D{}' = \frac{L}{t_D}$$

Man kann die Geschwindigkeiten der beiden Kugeln nun miteinander vergleichen, indem man in der Gleichung für u_D'' den Bruch L/t_D durch u_D' ersetzt:

$$u_D'' = \frac{1}{\gamma} \cdot u_D'$$

Billys Kugel ist also aus Docs Sicht langsamer als Docs eigene.

Die gleichen Überlegungen können wir nun auch zu Billys Ansicht über Docs Kugel anstellen. Und wir werden auch zum gleichen Ergebnis kommen: Auch Billy stellt fest, dass die gegnerische Kugel langsamer fliegt als seine eigene.

Dies alles hat nun eine ganze Reihe interessanter Konsequenzen. Alle drei Beteiligten sind sich über die Straßenbreite einig und sehen, wie die beiden Kugeln über der Straßenmitte zusammenprallen.

Aus Wyatt Earps Sicht sind beide Kugeln gleich schnell, fliegen gleich weit und treffen gleichzeitig ihr Ziel. Also wurden sie auch gleichzeitig abgeschossen.

Aus Docs Sicht fliegen beide Kugeln in Nord-Süd-Richtung gleich weit, aber seine eigene Kugel hat in dieser Richtung eine größere Geschwindigkeit als Billys Kugel. Folglich hat Billy zuerst geschossen und er selbst erst etwas später.

Auch aus Billys Sicht fliegen beide Kugeln in Nord-Süd-Richtung die gleiche Strecke, aber seine eigene Kugel ist in dieser Richtung schneller als Docs Kugel. Folglich hat Doc zuerst geschossen und dann erst Billy.

Wer hat nun Recht? Nach der Physik Isaac Newtons kann nur einer der drei Recht haben. Doch nach Ein-

steins Relativitätstheorie sind Zeit und Raum Privatangelegenheiten, und deshalb sind auch die Ansichten
darüber, was gleichzeitig, was früher und was später ist,
reine Ansichtssache. So paradox es auch klingt: Alle
drei haben Recht!

Betrachten wir nun die Impulse der Kugeln in Nord-
Süd-Richtung aus Docs Sicht. Docs Kugel hat vor dem
Zusammenstoß den Impuls $+ m_D' \cdot u_D'$ und nach dem
Zusammenstoß $- m_D' \cdot u_D'$ Billys Kugel hingegen hat aus
Docs Sicht vor dem Zusammenstoß den Impuls
$- m_D'' \cdot u_D''$ und nach dem Zusammenstoß $+ m_D'' \cdot u_D''$.
Ersetzt man die Geschwindigkeit von Billys Kugel
durch die von Docs, so wird aus den Impulsen vor und
nach dem Zusammenstoß $- m_D'' \cdot u_D'/\gamma$ beziehungsweise
$+ m_D'' \cdot u_D'/\gamma$. Der Gesamtimpuls beider Kugeln beträgt
also vor dem Zusammenstoß

$$\left(+ m_D' \cdot u_D' \right) + \left(- m_D'' \cdot \frac{u_D'}{\gamma} \right)$$

und danach

$$\left(- m_D' \cdot u_D' \right) + \left(+ m_D'' \cdot \frac{u_D'}{\gamma} \right)$$

Da der Gesamtimpuls immer den gleichen Wert hat,
muss er natürlich auch nach und vor dem Zusammenstoß gleich sein.

$$\left(- m_D' \cdot u_D' \right) + \left(+ m_D'' \cdot \frac{u_D'}{\gamma} \right) = \left(+ m_D' \cdot u_D' \right) + \left(- m_D'' \cdot \frac{u_D'}{\gamma} \right)$$

Diese Gleichung kann noch vereinfacht werden.

Zuerst werden alle Klammerausdrücke durch $u_D{}'$ geteilt.

$$- m_D{}' + \frac{m_D{}''}{\gamma} = m_D{}' - \frac{m_D{}''}{\gamma}$$

Nun wird auf beiden Seiten $m_D{}' + m_D{}''/\gamma$ addiert.

$$2\frac{m_D{}''}{\gamma} = 2 m_D{}'$$

Zum Schluss werden noch beide Seiten mit $\gamma/2$ malgenommen.

$$m_D{}'' = \gamma \cdot m_D{}'$$

Würden wir die gleiche Impulsberechnung auch noch für Billys Sicht der Schießerei machen, bekämen wir eine ganz analoge Gleichung für die Kugelmassen:

$$m_B{}' = \gamma \cdot m_B{}''$$

Dies ist wieder einmal ein recht seltsames Ergebnis. Wir wissen von Wyatt Earp, dass beide Revolverkugeln aus seiner Sicht die gleiche Masse haben. Doc allerdings stellt etwas ganz anderes fest: Billys Kugel hat γ-mal so viel Masse wie seine eigene Kugel. Billy hingegen sieht es nochmals anders: Docs Kugel hat γ-mal so viel Masse wie seine eigene. Und Recht haben wieder alle drei!

Das Ergebnis gilt nicht nur für die Massen der beiden Revolverkugeln, sondern ganz allgemein, für jede Masse. Der Wert der Masse eines Objektes ist also nicht, wie es Antoine Laurent Lavoisier angenommen hatte, immer gleich und von der Geschwindigkeit unabhängig. Er ist, genau wie auch die Zeit und der Raum, eine reine Privatangelegenheit. Damit kann auch nicht die Gesamtmasse im Universum einen unveränderlichen Wert haben, der für jedermann immer gleich ist. Lavoisiers Überlegungen sind also nach der Relativitätstheorie falsch.

Der Faktor γ erreicht seinen kleinstmöglichen Wert, nämlich 1, wenn das Messobjekt und derjenige, der misst, die gleiche Geschwindigkeit haben. Das bedeutet, wenn aus der Sicht des Messenden das Objekt ruht, dann ist $\gamma = 1$, und das Objekt hat seine minimale Masse. Deshalb nennt man diese Masse auch die Ruhemasse des Objektes. Bezeichnet man die Ruhemasse eines Objektes mit m_0 und die bewegte Masse desselben Objektes mit m, so ist die Umrechnungsformel zwischen diesen Massen $m = \gamma \cdot m_0$.

Schauen wir uns ein Beispiel an. Wenn die beiden Brüder Kastor und Pollux auf der Erde aus der Sicht der Erdenbewohner beide eine Ruhemasse von 80 kg haben und dann Pollux ein Raumschiff besteigt, das sich mit 80 Prozent der Lichtgeschwindigkeit von der Erde entfernt, so hat er aus Kastors Sicht eine Masse von etwa 133 kg, denn γ beträgt für diese Geschwindigkeit ungefähr den Wert 1,67.

$$m = \gamma \cdot m_0 \approx 1{,}67 \cdot 80 \text{ kg} \approx 133 \text{ kg}$$

Aus Pollux' eigener Sicht hat sich seine Masse natürlich nicht verändert. Er sieht jedoch die Erde mit 80 % der Lichtgeschwindigkeit davonrasen und stellt fest, dass Kastor eine Masse von etwa 133 kg hat.

Mit der Gleichung $m = \gamma \cdot m_0$ können wir auch etwas über die Masse der Lichtteilchen erfahren. Wenn m die Masse eines mit der Geschwindigkeit v fliegenden Objektes ist, so beträgt seine Ruhemasse $m_0 = m/\gamma$. Da

$$\gamma = \frac{1}{\sqrt{1 - \left(v/c\right)^2}}$$

ist, berechnet sich die Ruhemasse zu

$$m_0 = m \cdot \sqrt{1 - \left(v/c\right)^2}$$

Ist das fliegende Objekt nun ein Lichtteilchen, so ist $v = c$. Setzt man dies ein, erhält man

$$m_0 = m \cdot \sqrt{1 - \left(c/c\right)^2} = m \cdot \sqrt{1 - 1} = m \cdot 0 = 0.$$

Das bedeutet, Lichtteilchen haben keine Ruhemasse. Sie sind also masselos, wenn sie sich mit der gleichen Geschwindigkeit bewegen wie man selbst. Dies ist allerdings nur eine rein hypothetische Überlegung, denn bekanntermaßen hat das Licht niemals und unter gar keinen Umständen die gleiche Geschwindigkeit wie man selbst, sondern immer die Geschwindigkeit 299 792 458 m/s.

Wir haben nun zwar mit der Gleichung $m = \gamma \cdot m_0$ die Ruhemasse eines Lichtteilchens berechnen können, aber die Masse, die es hat, wenn es relativ zu uns mit Lichtgeschwindigkeit fliegt, können wir nicht ohne weiteres bestimmen. Trotzdem haben Lichtteilchen eine Masse, man muss sie nur mit Formeln aus anderen Bereichen der Physik berechnen.

Energie

Einen massiven Eichenschrank von einer Zimmerecke in eine andere zu schieben, ist schwere Arbeit. Genauso ist es eine schwere Arbeit, einen Sack Kartoffeln vom Keller in den fünften Stock zu schleppen oder ein Auto mit leerer Batterie anzuschieben.

In der Physik wird diese Alltagserfahrung etwas präziser ausgedrückt: Ist eine bestimmte Kraft notwendig, um ein Objekt eine bestimmte Strecke weit zu transportieren, so ist die dabei geleistete Arbeit das Produkt aus dieser Kraft und der zurückgelegten Strecke:

benötigte Kraft · zurückgelegter Weg = geleistete Arbeit

Diese physikalische Definition entspricht auch unserer Alltagsvorstellung: Je mehr Kraft man aufwenden muss, um den Eichenschrank in eine andere Zimmerecke zu schieben oder je weiter man ihn schiebt, desto mehr arbeitet man.

Nachdem man gearbeitet hat, ist die Arbeit nicht einfach verschwunden, sondern in dem Objekt gespeichert. Hebt man einen Stein um einen Meter hoch, muss man arbeiten. Diese Arbeit ist nun in dem Stein gespeichert. Man kann die Wahrheit der Behauptung leicht überprüfen, indem man den Stein einfach loslässt. Er fällt von alleine zu Boden. Um diesen Weg zurücklegen zu können, benutzt er die in ihm gespeicherte Arbeit.

Gespeicherte Arbeit, die man jederzeit wieder zum Arbeiten benutzen kann, hat in der Physik einen eigenen Namen: Man nennt sie Energie und bezeichnet sie meistens mit dem Buchstaben E. Drückt man Kraft und Weg durch die Symbole F und s aus, kann man für die Energie

$$E = F \cdot s$$

schreiben.

Angenommen, wir haben ein Auto, dessen Motor die Räder immer mit gleicher Kraft antreibt. Dies ist eine ohne weiteres zu realisierende Annahme. Dadurch wird das Auto, wenn es aus dem Stillstand startet, gleichmäßig immer schneller und schneller werden. Dass bei den meisten Autotypen die Geschwindigkeit nicht größer als 150 bis 200 km/h wird, liegt daran, dass nicht nur der Motor die Räder antreibt, sondern dass gleichzeitig noch eine zweite Kraft von vorne gegen das Auto drückt und es bremst. Dies ist die Reibungskraft der Luft und der Straße. Könnten wir sie abschalten, würde sich tatsächlich die Geschwindigkeit bei konstanter Motorkraft immer weiter erhöhen. Im Weltall gibt es keine Luft- und Straßenreibung. Deshalb ersetzen wir in unseren Überlegungen das Auto durch eine Rakete, die von der Erde zum Mond fliegt.

Beim Start auf der Erde hat die Rakete die Geschwindigkeit 0 km/h relativ zur Erde. Nun sorgt der Raketenmotor mit gleich bleibender Kraft dafür, dass die Rakete immer schneller und schneller wird und beim Vorbeiflug am Mond die Endgeschwindigkeit v_E erreicht hat. Die Flugzeit dieser Rakete von der Erde zum Mond nennen wir t. Die Rakete ändert also innerhalb der Zeit t ihre Geschwindigkeit von 0 km/h auf v_E. Ihre Beschleunigung a ist die Geschwindigkeitserhöhung geteilt durch die dafür benötigte Zeit. Das heißt, sie hat den Wert $a = v_E/t$. Wenn nun ein Objekt, das eine Masse m hat, mit a beschleunigt werden soll, so ist dafür eine Kraft notwendig, die nach dem »Zweiten Newtonschen Gesetz« den Wert $F = m \cdot a$ haben muss. In diese Gleichung setzen wir den Wert der Raketenbeschleunigung ein:

$$F = m \cdot \frac{v_E}{t}$$

Um die Arbeit oder die Energie zu berechnen, fehlt uns noch der Weg, den die Rakete von der Erde bis zum Mond zurückgelegt hat. Darüber müssen wir aber noch etwas gründlicher nachdenken.

Wenn ich mit dem Auto von Hamburg nach München reise, so fahre ich nicht immer gleich schnell. Ich starte aus dem Stillstand, fahre auf freier Autobahn 140 km/h schnell, bei stockendem Verkehr 20 km/h, in Ortschaften 50 km/h und auf der Landstraße 100 km/h. Wenn ich in München ankomme und auf der 800 Kilometer langen Strecke zehn Stunden lang unterwegs war, so kann ich mich wahrscheinlich nicht mehr daran erinnern, wo auf der Strecke ich mit welcher Geschwindigkeit gefahren bin, aber ich kann die Durchschnittsgeschwindigkeit v_D ausrechnen:

$$v_D = \frac{800 \text{ km}}{10 \text{ h}} = 80 \text{ km/h}$$

Das heißt, wenn ich die ganze Zeit konstant 80 km/h schnell gefahren wäre, hätte meine Reise von Hamburg nach München auch zehn Stunden gedauert.

Diese einfache Berechnungsmethode für die Durchschnittsgeschwindigkeit ist nicht nur für Autofahrten von Hamburg nach München gültig, sondern ist für jede Bewegung richtig.

$$\text{Durchschnittsgeschwindigkeit} = \frac{\text{zurückgelegter Weg}}{\text{benötigte Zeit}}$$

Oder mit Formelsymbolen geschrieben:

$$v_D = \frac{s}{t}$$

Kehren wir nun wieder zu unserer Rakete zurück. Sie hat während ihres Fluges von der Erde zum Mond ihre Geschwindigkeit gleichmäßig erhöht. Ihre Durchschnittsgeschwindigkeit v_D ist der Abstand s des Mondes von der Erde geteilt durch die Reisezeit t. Löst man diese Gleichung nach dem Abstand auf, erhält man $s = v_D \cdot t$.

In der Formel für die Energie $E = F \cdot s$ stehen auf der rechten Seite die benötigte Kraft und der zurückgelegte Weg. Wir ersetzen sie durch die beiden gerade ermittelten Gleichungen

$$E = m \frac{v_E}{t} \cdot v_D t$$

Die Flugzeit t der Rakete lässt sich herauskürzen.

$$E = m \cdot v_E \cdot v_D$$

In dieser Gleichung stehen zwei verschiedene Geschwindigkeiten: die Endgeschwindigkeit und die Durchschnittsgeschwindigkeit. Hängen beide Geschwindigkei-

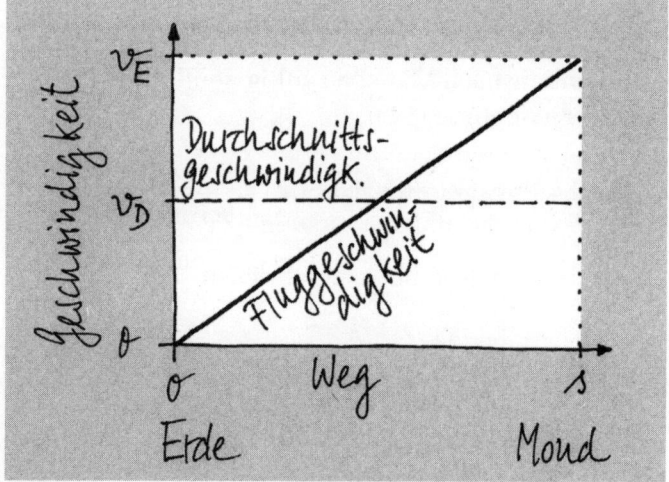

Bild 26: *Die tatsächliche Fluggeschwindigkeit einer Rakete auf dem Weg von der Erde zum Mond und ihre Durchschnittsgeschwindigkeit während des Fluges.*

ten in irgendeiner Weise zusammen? Die Rakete startet mit der Geschwindigkeit 0 km/h und erhöht sie ganz gleichmäßig bis zur Endgeschwindigkeit v_E.

Folglich ist die Durchschnittsgeschwindigkeit gerade die halbe Endgeschwindigkeit *(Bild 26)*

$$v_D = \frac{v_E}{2}$$

Setzt man dies in die Energiegleichung ein, vereinfacht sie sich zu

$$E = mv_E \cdot \frac{v_E}{2}$$

oder

$$E = \frac{1}{2} \cdot mv_E^2$$

Die Energie der Rakete hängt also nur von ihrer Masse und von ihrer Endgeschwindigkeit ab. Wie lange sie von der Erde zum Mond unterwegs war und wie weit der Weg war, spielt dabei gar keine Rolle.

Ein Lichtteilchen kann seine Geschwindigkeit nicht von 0 km/h auf eine Endgeschwindigkeit v_E erhöhen. Es fliegt immer mit der Lichtgeschwindigkeit c und ist niemals langsamer oder schneller. Darum kann man mit der klassischen Gleichung $E = mv_E^2/2$ auch nicht seine Energie berechnen. Seine Durchschnittsgeschwindigkeit und seine Endgeschwindigkeit sind c.

$$v_D = v_E = c$$

Es ist naheliegend, dies in die klassische Energiegleichung $E = m \cdot v_E \cdot v_D$ einzusetzen. Dadurch erhält man für die Lichtteilchenenergie $E = mc^2$. Dies ist auch tatsächlich die Energie, die ein Lichtteilchen nach Einsteins Relativitätstheorie hat.

$E = mc^2$ ist die wohl berühmteste Gleichung der Physik. Sie ist, seit Albert Einstein sie 1905 das erste Mal niederschrieb, zum Symbol der modernen Physik schlechthin geworden. Allerdings hat sie hier noch nicht die weit reichende Bedeutung, die ihr Einstein gegeben hat. Mit $E = mc^2$ kann man zunächst einmal nur die Energie eines Lichtteilchens berechnen.

Energie kann in den verschiedensten Formen auftreten. Wir haben bisher nur die Bewegungsenergie betrachtet, also die Energie, die ein Objekt hat, weil es sich

Julius Robert von Mayer

Julius Robert von Mayer wurde am 25. November 1814 in Heilbronn geboren. Er machte nach seiner Schulzeit eine Apothekerlehre und studierte anschließend von 1832 bis 1838 in Tübingen Medizin. Er praktizierte nach seiner Promotion kurze Zeit in Heilbronn und reiste dann als Schiffsarzt nach Indonesien. Nach der Rückkehr von seiner Reise wurde er 1841 Oberamtswundarzt für den Bezirk Heilbronn und 1847 Stadtarzt von Heilbronn.

Als er bei seiner Seereise durch tropische Regionen kam, fiel ihm auf, dass das venöse und das arterielle Blut des Menschen fast gleichfarbig wurde. Seine Erklärung dafür war, dass der Organismus die Nahrung weniger stark verbrennt, um eine Überhitzung des Körpers zu verhindern. Diese Überlegung brachte ihn darauf, dass die physikalische Arbeit und die Wärme im Grunde das Gleiche sind. Er beschrieb seine Überlegungen 1841 in seinem Aufsatz »Über quantitative und qualitative Bestimmung der Kräfte«, den er bei der Zeitschrift »Annalen der Physik und Chemie« einreichte, der aber nicht gedruckt wurde. Erst seine Arbeit »Bemerkungen über die Kräfte der unbelebten Natur« wurde 1842 veröffentlicht. Sie enthielt eine Formel zur Umrechnung von Wärmeenergie in Bewegungsenergie. 1845 erschien seine Arbeit »Die organische Bewegung im Zusammenhange mit dem Stoffwechsel«. In ihr formulierte Mayer erstmals den Satz von der Erhaltung der Energie.

Etwa zur gleichen Zeit wie Mayer entdeckte auch der britische Physiker James Prescott Joule (1818 bis 1889) unabhängig von diesem die Erhaltung der Energie. Es kam zu einem erbitterten Streit darüber, wer der erste Entdecker sei, der erst nach Jahren zu Gunsten von Mayer entschieden wurde. Dieser Streit und andere Ereignisse warfen Mayer in eine tiefe Krise, sodass er zeitweilig in einer Nervenheilanstalt untergebracht werden musste. Erst in den Sechzigerjahren des 19. Jahrhunderts wurden ihm Ehrungen für seine Arbeiten zuteil, und er wurde in den Adelsstand erhoben.

Julius Robert von Mayer starb am 20. März 1878 in seiner Geburtsstadt Heilbronn.

mit einer bestimmten Geschwindigkeit bewegt. Andere Formen der Energie sind zum Beispiel die Wärmeenergie, die elektrische Energie und die chemische Energie. Im Jahre 1842 schrieb der deutsche Arzt Julius Robert von Mayer (1814–1878): »Energie kann nicht vernichtet werden; sie vermag nur ihre Form zu ändern.«

Was hatte Mayer damit gemeint? Ein Auto, das mit 100 km/h über die Autobahn fährt, hat eine bestimmte Bewegungsenergie. Wenn der Fahrer nun bremst und das Auto schließlich stillsteht, ist keine Bewegungsenergie mehr da. Sie ist aber nicht spurlos verschwunden, sondern hat nur ihre Form geändert. Sie ist zu Wärmeenergie geworden, die die Bremsscheiben des Autos aufgeheizt hat.

Ein anderes Beispiel ist ein Kraftwerk. In einem Kohlekraftwerk wird aus der chemischen Energie der Kohle durch Verbrennen Wärmeenergie gewonnen. Diese Wärmeenergie wird – zumindest teilweise – in elektrische Energie umgewandelt und in die Haushalte transportiert. Dort wird sie im Elektroherd wieder in Wärme- oder im Mixer in Bewegungsenergie umgewandelt.

Die Gesamtmenge an Energie im Universum hat also nach den Vorstellungen von Julius Robert von Mayer einen festen und unveränderlichen Wert. Sie ist, wie die Physiker sagen, eine Erhaltungsgröße.

Diese Vorstellung, die heute in den Naturwissenschaften und in der Technik selbstverständlich ist, hat sehr lange gebraucht, um sich durchzusetzen. Das lag vor allen Dingen daran, dass die Wissenschaftler des 18. Jahrhunderts sich das Universum von verschiedenen »Fluida« erfüllt vorstellten. Diese Fluida waren eine Art unsichtbarer Flüssigkeiten. Es gab zwei elektrische Fluida – eines für Glas- und eines für Harzelektrizität –, zwei magnetische Fluida – ein australes und ein boreales – und ein Wärmefluidum. Das Wärmefluidum wurde Caloricum genannt. Je heißer ein Gegenstand war, desto mehr Caloricum sollte er enthalten.

In den Jahren 1798 und 1799 überprüfte der amerikanische Politiker und Physiker Benjamin Thompson (= Graf von Rumford, 1753–1814), der auch elf Jahre Kriegsminister, Polizeiminister und Schatzmeister in Bayern war, die Caloricum-Theorie. Er erwärmte Eis, schmolz es zu Wasser, erhitzte es bis kurz vor dem Siedepunkt und kühlte es wieder ab, bis es zu Eis erstarrte. Dabei kontrollierte er ständig das Gewicht und stellte zu seiner Überraschung fest, es blieb immer gleich. Das Caloricum musste also gewichtslos sein.

Statt die Wärme als einen unsichtbaren, gewichtslosen Stoff zu sehen, war auch eine andere Deutung der Thompsonschen Messungen möglich. Erste Ideen gab es schon lange vorher. Isaac Newton fragte 1794 in seinem Buch »Opticks«: »Wirkt Licht nicht auf Körper, indem es sie erhitzt und ihre Teile in vibrierende Bewegung versetzt, was sich dann als Wärme äußert?« Man kann Wärme als Bewegung verstehen. Je wärmer ein Körper wird, um so heftiger »zittern« seine Atome, das heißt, die Bausteine, aus denen er zusammengesetzt ist. Ab irgendeiner Temperatur wird das Zittern so stark, dass der Körper auseinander bricht; er schmilzt. Wenn Wärme also nichts anderes ist als Bewegung von Atomen, dann ist logischerweise die Wärmeenergie auch nichts anderes als Bewegungsenergie.

E = mc²

Um nun zu Einsteins weltberühmter Formel zu gelangen, werden wir ein Gedankenexperiment untersuchen: Ein Objekt nimmt Energie auf. Es soll dabei sowohl vor als auch nach der Energieaufnahme in Ruhe sein. Die einzige Energieform, die es bei diesem Gedankenexperiment geben soll, ist Bewegungsenergie.

Kastor sitzt in einer Raumstation und schaut aus dem Fenster. Einige Meter vor der Station schwebt im All völlig bewegungslos irgendein kleines Objekt. Um was es sich dabei handelt, spielt keine Rolle. Plötzlich kommen zwei Lichtteilchen angeflogen, eines von Westen und eines von Osten, und treffen gleichzeitig auf das Objekt *(Bild 27)*. Sie sollen die gleiche Masse und natürlich auch die gleiche Geschwindigkeit haben. Die Lichtteilchen werden beim Auftreffen von dem Objekt »verschluckt«, und es gibt sie danach nicht mehr. Aus Kastors Sicht bleibt auch nach dem Verschlucken das Objekt noch in Ruhe.

Wie sieht es mit den Impulsen aus? Vor dem Auftreffen der Lichtteilchen hat das Objekt keinen Impuls, da es ruht. Die beiden Lichtteilchen sind gleich schnell und haben gleich viel Masse, fliegen aber in entgegengesetzte Richtungen. Darum sind auch ihre Impulse gleich, haben jedoch ein unterschiedliches Vorzeichen. Das nach Osten fliegende Lichtteilchen hat den Impuls $+p$ und das nach Westen fliegende $-p$. Das heißt, alle drei zusammen, die beiden Lichtteilchen und das Objekt, haben den Gesamtimpuls $(+p) + (-p) + 0 = 0$.

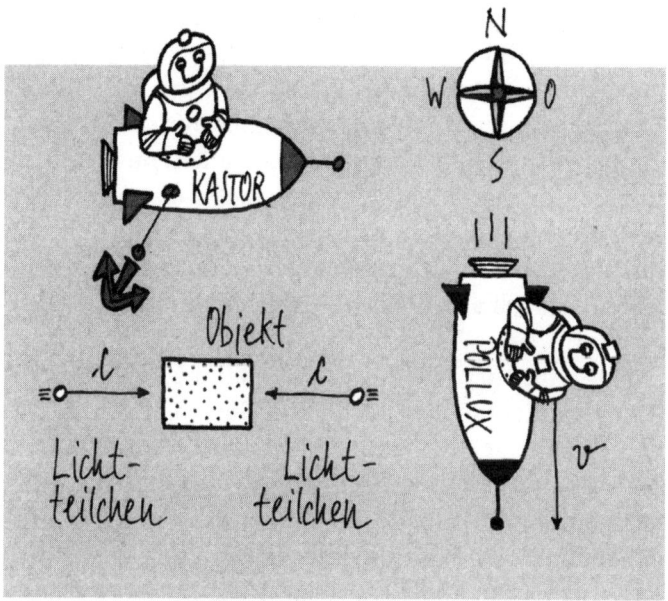

Bild 27: *Kastor beobachtet ein vor seinem Raumschifffenster ruhendes Objekt. Plötzlich treffen gleichzeitig zwei Lichtteilchen, eines von Westen und eines von Osten kommend, auf das Objekt und werden verschluckt. Das Objekt bleibt auch danach in Ruhe. Währenddessen fliegt Pollux mit seinem Raumschiff in Richtung Süden an Kastor vorbei.*

Beim Verschlucken der Lichtteilchen hat das Objekt sich auch deren Impulse angeeignet, denn die Impulse können ja nicht verschwinden. Da der Gesamtimpuls jedoch vorher null war, ist er es auch nachher. Das Objekt bleibt also in Ruhe. Die Impulsbilanz unseres Gedankenexperimentes ist folglich in Ordnung.

Schauen wir uns nun die Energiebilanz an. Vor dem Verschlucken hat das Objekt keine Bewegungsenergie, die beiden Lichtteilchen haben hingegen jeweils die Energie mc^2. Nach dem Verschlucken sind die Lichtteilchen verschwunden, aber das Objekt hat, da es weiterhin ruht, immer noch keine Bewegungsenergie. Wo ist also die Energie der Lichtteilchen geblieben? Da die Energie eine Erhaltungsgröße ist, kann sie unmöglich einfach verschwunden sein. Irgendwo muss sie folglich stecken!

Eine Antwort auf diese Frage können wir finden, wenn wir die Situation aus Pollux' Sicht betrachten. Pollux fliegt mit seinem Raumschiff von Nord nach Süd an der Raumstation und dem Objekt vorbei. Da er sich natürlich als den ruhenden Pol des Universums betrachtet, stellt er fest, dass die Raumstation und das Objekt mit einer Geschwindigkeit v nach Norden fliegen. Genau in dem Moment, in dem er an dem Objekt vorbeifliegt, wird es von den beiden Lichtteilchen getroffen *(Bild 28)*.

Um das Problem analysieren zu können, benötigen wir noch einige Bezeichnungen. Die Energie und die Masse des Objektes sollen mit den Großbuchstaben E und M und Energie und Masse der Lichtteilchen mit den Kleinbuchstaben e und m bezeichnet werden. Da sich die Energie- und Massenwerte durch das Zusammenstoßen ändern können, bekommen alle Größen, die sich auf die Situation nach dem Stoß beziehen, eine Tilde.

Vor dem Verschlucken hat das Objekt die Energie E und die beiden Lichtteilchen jeweils die Energie e. Nach dem Verschlucken existiert nur noch das Objekt mit der Energie $\tilde{E}$. Da keine Energie verloren geht,

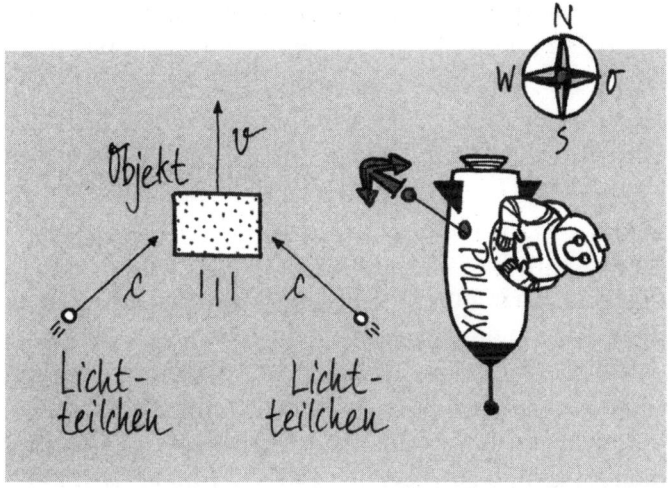

Bild 28: *Pollux betrachtet sich als ruhend. Er sieht das Objekt, wie es nach Norden fliegt. Plötzlich treffen zwei Lichtteilchen, von verschiedenen Seiten kommend, gleichzeitig auf das Objekt und werden verschluckt. Das Objekt verändert dadurch nicht seine Geschwindigkeit.*

müssen die Gesamtenergien nach und vor dem Verschlucken gleich groß sein:

$$\tilde{E} = E + 2e$$

Ziehen wir auf beiden Seiten der Gleichung E ab, wird daraus

$$\tilde{E} - E = 2e$$

Die Energie des Objektes nimmt also um die Energie der beiden Lichtteilchen zu.

185

Schauen wir uns nun die Impulse aus Pollux' Sicht an. Beide Lichtteilchen fliegen, bevor sie verschluckt werden, schräg zur Flugbahn des Objektes. Ihre Impulse haben Anteile in Ost-West-, aber auch in Nord-Süd-Richtung. Betrachten wir zunächst die Anteile in Ost-West-Richtung. Beide Lichtteilchen haben die gleiche Masse und die gleiche Geschwindigkeit in Ost-West-Richtung, doch entgegengesetzte Richtungen. Folglich haben ihre Ost-West-Impulse zwar die gleiche Größe, aber einer ist positiv und der andere negativ. Das Objekt hingegen bewegt sich in Ost-West-Richtung gar nicht, und folglich hat es auch keinen Ost-West-Impuls. Somit ist der Gesamtimpuls in Ost-West-Richtung vor dem Zusammenstoß genau null. Nach dem Zusammenstoß sind die beiden Lichtteilchen verschwunden, und das Objekt bewegt sich auch jetzt nicht in Ost-West-Richtung. Folglich ist der Ost-West-Impuls immer noch null, und die Impulsbilanz in dieser Richtung stimmt.

In Nord-Süd-Richtung fliegen die beiden Lichtteilchen und das Objekt nach Norden. Ihre Nord-Süd-Impulse sind also alle positiv. Bei den beiden Lichtteilchen sind sie außerdem auch noch genau gleich groß.

Stellen wir also eine Impulsbilanz für die Nord-Süd-Richtung auf. Vor dem Auftreffen der Lichtteilchen gibt es die Einzelimpulse p der beiden Lichtteilchen und den Impuls des Objektes, nach dem Auftreffen nur noch den des Objektes $\tilde{P}$. Da kein Impuls verloren gehen kann, müssen die Impulse nach und vor dem Auftreffen gleich sein:

$$\tilde{P} = 2p + P$$

Die Lichtteilchen haben, bevor sie verschluckt werden, in Nord-Süd-Richtung die Geschwindigkeit v. Auch die Geschwindigkeit des Objektes in Nord-Süd-Richtung ist vorher und nachher v. Dadurch kann man die Impulse durch die Massen und die Geschwindigkeiten ausdrücken:

$$\tilde{M}v = 2mv + Mv$$

Die Geschwindigkeit v kommt in jedem Impuls vor. Deshalb teilen wir alle drei Ausdrücke der Gleichung durch v, und es bleiben nur noch Massen übrig:

$$\tilde{M} = 2m + M$$

Zieht man auf beiden Seiten der Gleichung die Masse M ab, erhält man

$$\tilde{M} - M = 2m$$

Das heißt also, durch das Verschlucken der beiden Lichtteilchen ist die Masse des Objektes um die Masse der beiden Lichtteilchen größer geworden. Das ist noch kein besonders überraschendes Ergebnis. Auch wenn wir ein Kilogramm Schokolade essen, hat unsere Masse um dieses eine Kilogramm zugenommen.

Fassen wir einmal zusammen: Damit die Energiebilanz und die Impulsbilanz aus Pollux' Sicht stimmen, muss das Objekt seine Energie und seine Masse um die Energie beziehungsweise um die Masse der beiden Lichtteilchen vergrößert haben.

$$\tilde{E} - E = 2e$$

$$\tilde{M} - M = 2m$$

Zwei anscheinend völlig verschiedene physikalische Größen verhalten sich also gleichzeitig ganz ähnlich. An dieser Stelle setzt nun Albert Einsteins revolutionäre Überlegung ein. »Sind Energie und Masse überhaupt zwei verschiedene Dinge?«, fragt er. »Kann es nicht sein, dass Energie und Masse nur zwei verschiedene Bezeichnungen für ein und dieselbe Sache sind?«

Dies ist in der Tat so. Und es ist nicht schwer, eine Umrechnungsformel zwischen der Energie und der Masse eines Objektes herzuleiten. Auf den beiden rechten Seiten der Gleichungen stehen die Energien beziehungsweise die Massen der beiden Lichtteilchen. Wie wir aus dem vorherigen Kapitel wissen, hängen sie über die Gleichung $e = mc^2$ zusammen. Verdoppelt man beide Seiten, erhält man den Zusammenhang der Energien und der Massen von beiden Lichtteilchen:

$$2e = 2mc^2$$

Ersetzen wir nun $2e$ und $2m$ durch den Energie- und den Massenzuwachs des Objektes, so erhalten wir die gesuchte Umrechnungsformel:

$$\tilde{E} - E = \left(\tilde{M} - M \right)c^2$$

Wie müssen wir uns dies vorstellen? In Deutschland nennt man den Abstand zwischen zwei Städten ihre Entfernung und gibt sie in Kilometern an. In Amerika wird dieser Abstand *distance* genannt und in *miles* angegeben. Trotz des unterschiedlichen Namens und der unterschiedlichen Einheit handelt es sich um die gleiche Sache. Man kann deshalb die in *miles* angegebene *distance* auch ohne weiteres in eine Entfernung in Kilometern umrechnen. Dazu muss man die *distance* nur mit 1,609 malnehmen. So ist beispielsweise eine *distance* von 10 *miles* das Gleiche wie eine Entfernung von 10 · 1,609 = 16,09 Kilometern.

Genauso, wie Entfernung und *distance* nur zwei unterschiedliche Wörter für den Abstand sind, so sind auch Energie und Masse nur verschiedene Bezeichnungen für ein und dieselbe Sache. Und auch genau, wie man Entfernung und *distance* in den unterschiedlichen Einheiten Kilometer und *miles* misst, werden auch Energie und Masse in den unterschiedlichen Einheiten Wattsekunde und Kilogramm gemessen. Und genauso wie es einen Umrechnungsfaktor gibt, um aus einer *distance* in *miles* eine Entfernung in Kilometern zu machen, gibt es auch einen Umrechnungsfaktor, um aus einer Masse in Kilogramm eine Energie in Wattsekunden zu machen. Der Umrechnungsfaktor von *distance* in Entfernung lautet 1,609, und der Umrechnungsfaktor von Masse in Energie ist c^2 oder $89\,875\,517\,873\,681\,764\ \text{m}^2/\text{s}^2$. Mit Einsteins Überlegungen lassen sich Pollux' Beobachtungen leicht erklären. Zunächst einmal in der Energie-Sprache: Die Lichtteilchen haben Energie abgegeben, und das Objekt hat genau diese Energie aufgenommen. Nun in der Massen-Sprache: Die Lichtteilchen haben Masse abgegeben, und das Objekt hat genau diese Masse aufgenommen. Wir können auch beide Sprachen mischen: Die Lichtteilchen haben Energie abgegeben, und das Objekt hat genau die Masse aufgenommen, die dieser Energie entspricht. Suchen Sie sich den Satz aus, der

Ihnen am besten gefällt! Alle drei sagen das Gleiche aus, nur benutzen sie verschiedene Wörter.

Nun stimmt auch die Energiebilanz aus Kastors Sicht von der Raumstation aus. Zuerst in der Massen-Sprache: Das Objekt ruht vor und nach dem Verschlucken der Lichtteilchen. Seine Masse ist also in beiden Fällen gerade seine Ruhemasse. Die Lichtteilchen haben ihre Masse abgegeben, und das Objekt hat diese Masse aufgenommen und dadurch seine Ruhemasse um genau diesen Wert erhöht. Jetzt in der Energie-Sprache: Die Lichtteilchen haben ihre Energie abgegeben, und das Objekt hat seine Ruheenergie um genau diese Energie erhöht. Der Begriff Ruheenergie ist in Anlehnung an das Wort Ruhemasse gewählt worden. Da wir die Ruhemasse M_0 des Objektes durch den Index 0 gekennzeichnet haben, werden wir entsprechend auch seine Ruheenergie E_0 durch den Index 0 kennzeichnen. Die Umrechnungsformel von der Ruhemassenerhöhung in die Ruheenergieerhöhung lautet:

$$\tilde{E}_0 - E_0 = \left(\tilde{M}_0 - M_0 \right) c^2$$

Natürlich können wir auch wieder Energie- und Massensprache mischen: Die Lichtteilchen haben Energie abgegeben, und das Objekt hat dadurch seine Ruhemasse erhöht.

Die gesamte Energie eines Objektes kann man sich nun immer aus zwei Teilen zusammengesetzt denken: Aus der Ruheenergie und aus der Bewegungsenergie. Die Bewegungsenergie ist dabei nichts anderes als diejenige Energie, um die sich die Energie eines Objektes erhöht, wenn es sich bewegt. Es ist in der Physik üblich, sie mit E_{kin} abzukürzen. (Der Index »kin« steht für »kinetisch«, was so viel wie »sich bewegend« bedeutet.)

$$E = E_{kin} + E_0$$

Wir können das Ganze aber auch als Massen auffassen. Die gesamte Masse eines Objektes setzt sich aus zwei Teilmassen zusammen: aus der Bewegungsmasse M_{kin} und aus der Ruhemasse M_0:

$$M = M_{kin} + M_0$$

Die Umrechnung zwischen Masse und Energie läuft über die Lichtgeschwindigkeit.

$$E = Mc^2$$

$$E_{kin} = M_{kin}c^2$$

$$E_0 = M_0c^2$$

Wir können uns die Ruhemasse als ein Art »eingefrorene« Energie vorstellen.

Auch wenn Masse und Energie im Prinzip das Gleiche sind, so benutzen viele Physiker die beiden Begriffe trotzdem meistens mit unterschiedlichen Bedeutungen. Sprechen sie von der Masse eines Objektes, so meinen sie seine Ruhemasse oder seine Ruheenergie, und reden sie von seiner Energie, so meinen sie seine Bewegungsenergie oder seine Bewegungsmasse.

In dem Kapitel über die vierte Dimension haben wir gesehen, dass es ohne weiteres möglich ist, Zeiten in Metern anzugeben statt in Sekunden, Minuten oder Stunden. Um dies zu erreichen, nimmt man für die Lichtgeschwindigkeit statt 299 792 458 m/s einfach den Wert 1 an. Dadurch werden alle nur denkbaren Geschwindigkeiten zu einheitslosen Zahlen zwischen 0 und 1.

Welche Einheiten aber erhalten die Energie und die Masse, wenn man für die Lichtgeschwindigkeit $c = 1$ annimmt? Da die Umrechnungsformel zwischen Energie und Masse $E = Mc^2$ lautet, vereinfacht sie sich, wenn $c = 1$ ist, zu $E = M$. Nun sieht man besonders deutlich, dass Energie und Masse eigentlich das Gleiche sind: Beide haben den gleichen Zahlenwert und die gleiche Einheit. Man kann dadurch, wenn man möchte, die Energie in Kilogramm angeben. In der Physik wird allerdings meistens der umgekehrte Weg beschritten: Man gibt Massen in Energieeinheiten an. Dazu benutzt man allerdings nicht die üblichen Energieeinheiten wie Kilowattstunde oder Wattsekunde, sondern Elektronenvolt. Das Elektronenvolt klingt zwar wie eine Einheit der elektrischen Spannung, aber das ist es nicht. Es ist tatsächlich eine Energieeinheit.

Kehren wir nun wieder zurück zu den üblichen Einheiten, in denen die Lichtgeschwindigkeit den Wert 299 792 458 m/s hat und Energien in Wattsekunden und Massen in Kilogramm angegeben werden.

Wie wir gesehen haben, besteht die gesamte Energie eines Objektes aus einem Bewegungsenergieanteil und einem Ruheenergieanteil

Bild 29: *Bewegungsenergie kann in Ruhemasse umgewandelt werden.*

$$E = E_{kin} + E_0$$

Wenn man es möchte, kann man auch in dieser Gleichung Energien und Massen mischen. Zum Beispiel:

$$Mc^2 = E_{kin} + M_0 c^2$$

Daraus kann man nun Informationen über die Bewegungsenergie erhalten. Wir lösen die Gleichung nach E_{kin} auf:

$$E_{kin} = Mc^2 - M_0 c^2$$

Aus dem vorletzten Kapitel wissen wir, dass die bewegte Masse M um den Faktor γ größer ist als die ruhende Masse M_0:

$$M = \gamma M_0$$

Dies setzt man in die Energiegleichung ein:

$$E_{kin} = \gamma M_0 c^2 - M_0 c^2$$

Nun kann man noch $M_0 c^2$ ausklammern:

$$E_{kin} = \left(\gamma - 1\right) M_0 c^2$$

Setzt man für die Abkürzung γ den vollständigen Ausdruck ein, erhält man eine Gleichung, die die Abhängigkeit der Bewegungsenergie des Objektes von seiner Geschwindigkeit v angibt:

$$E_{kin} = \left(\frac{1}{\sqrt{1 - \left(v/c\right)^2}} - 1 \right) M_0 c^2$$

Bei dieser komplizierten Formel ist es fast unmöglich, sich den Zusammenhang zwischen der Bewegungsenergie und der Geschwindigkeit anschaulich vorzustellen. Darum ist sie in *Bild 30* auch grafisch dargestellt.

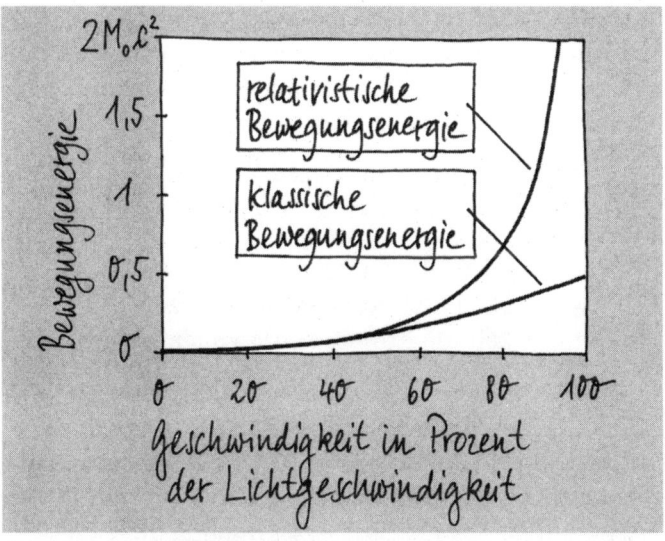

Bild 30: *Abhängigkeit der Bewegungsenergie eines Objektes von seiner Geschwindigkeit, die hier als Prozentsatz von der Lichtgeschwindigkeit aufgetragen ist. Auch die nicht korrekte Newtonsche Bewegungsenergie ist eingezeichnet. Bei Geschwindigkeiten, die geringer sind als etwa 30 Prozent der Lichtgeschwindigkeit, sind die relativistische und die klassische Bewegungsenergie fast gleich.*

Betrachten wir einmal die beiden Endpunkte der horizontalen Achse dieses Diagramms. Wenn das Objekt ruht, hat es auch keine Bewegungsenergie. Das sollte nach unseren Vorstellungen auch so sein. Ist hingegen das Objekt so schnell wie das Licht, wird seine Bewegungsenergie unendlich groß. Dies ist zwar in dem Diagramm nicht zu erkennen, weil die Energieachse nicht unendlich lang gezeichnet werden kann, aber es lässt sich leicht anhand der Gleichung überprüfen. Da natürlich kein Objekt der Welt unendlich viel Energie besitzen kann, sehen wir auch hier wieder einmal, dass normalerweise Objekte sich nicht mit Lichtgeschwindigkeit bewegen können. Die einzige Ausnahme sind Objekte, die keine Ruhemasse haben, wie die Lichtteilchen.

Nach der Physik von Isaac Newton beträgt die Bewegungsenergie eines Objektes $M_0 v^2/2$. Diese Gleichung ist ebenfalls im Bild 30 eingezeichnet. Man sieht, dass für Geschwindigkeiten bis etwa dreißig Prozent der Lichtgeschwindigkeit die Kurven kaum voneinander abweichen. Erst bei extrem hohen Geschwindigkeiten macht sich die Einsteinsche Physik überhaupt bemerkbar.

Wie verteilt sich bei Geschwindigkeiten, wie sie im täglichen Leben auftreten, die Energie auf Bewegungsenergie und Ruheenergie? Dazu betrachten wir ein Beispiel.

Ein Mofafahrer, der zusammen mit seinem Mofa eine Ruhemasse von 166 kg hat, fährt mit einer Geschwindigkeit von 36 km/h (= 10 m/s) die Straße entlang. Auf dem Gehweg steht ein Polizist und beobachtet ihn. Da die Geschwindigkeit des Mofafahrers aus der Sicht des Polizisten sehr viel kleiner ist als die Lichtgeschwindigkeit, können wir die Bewegungsenergie an dieser Stelle ohne Probleme mit der Newtonschen Gleichung $M_0 v^2/2$ berechnen:

$$E_{\text{kin}} = \frac{1}{2} M_0 v^2 = \frac{1}{2} \cdot 166 \text{ kg} \cdot \left(10 \text{ m/s}\right)^2 = 8300 \text{ Ws}$$

Natürlich dürfen wir auch die komplizierte Einsteinsche Gleichung nehmen. Der Rechenaufwand ist dann viel größer, aber das Ergebnis ist das gleiche. Würde man diese Bewegungsenergie von 8300 Wattsekunden in elektrische Energie umwandeln, so könnte man mit ihr eine gewöhnliche 100-Watt-Haushaltsglühbirne 83 Sekunden lang brennen lassen.

Die Ruhemasse des Mofafahrers samt Mofa hingegen entspricht einer Energie von

$$E_0 = M_0 c^2 = 166 \text{ kg} \cdot (299\ 792\ 458 \text{ m/s})^2 \approx 15\ 000\ 000\ 000\ 000\ 000\ 000 \text{ Ws}$$

Das ist so viel wie die gesamte Energie, die die Bundesrepublik Deutschland 1995 verbraucht hat.

An diesem Beispiel können wir sehen, dass die Bewegungsenergie im Vergleich zur Ruheenergie verschwindend klein ist. Die Frage ist nur: Kann man die Ruhemasse auch tatsächlich ganz oder auch nur teilweise in Bewegungsenergie umwandeln?

Auch hierzu ein Beispiel: Verbrennt man drei Kilogramm Wasserstoffgas zusammen mit vierundzwanzig Kilogramm Sauerstoffgas zu Wasser, so entsteht dabei eine Wärmeenergie von etwa hundert Kilowattstunden. Wäre es möglich, diese Wärmeenergie vollständig in elektrische Energie umzuwandeln, so könnte man damit eine 100-Watt-Haushaltsglühbirne 1000 Stunden lang brennen lassen. Durch die Entstehung dieser Wärme- oder Bewegungsenergie hat sich die Ruhemasse der beteiligten Stoffe um

$$M_0 = \frac{E_0}{c^2} = 0{,}000004 \text{ Gramm}$$

verringert. Bei der Verbrennung sind also nicht 27 kg, sondern nur 26,999999994 kg Wasser entstanden. Dieser Massenunterschied ist so klein, dass er nicht einmal mehr messbar ist.

Aber es ist dennoch möglich, einen nicht unerheblichen Teil einer Ruhemasse in Bewegungsenergie zu verwandeln. Den Hinweis darauf gab Albert Einstein selbst in seiner zweiten Arbeit über die Relativitätstheorie, die, genau wie seine erste, 1905 in den »Annalen der Physik« erschien. Er schrieb: »Es ist nicht ausgeschlossen, dass bei Körpern, deren Energieinhalt in hohem Maße veränderlich ist (z. B. bei den Radiumsalzen), eine Prüfung der Theorie gelingen sollte.«

Es dauerte jedoch noch mehrere Jahrzehnte, bis es tatsächlich gelang, so viel Ruhemasse in Bewegungsenergie zu verwandeln, dass man sie technisch nutzen konnte.

Albert Einstein:
Der Physiker von Weltruhm

Acht Jahre waren seit der Veröffentlichung der Speziellen Relativitätstheorie verstrichen. Einstein war Ordentlicher Professor an der ETH Zürich und einer der weltweit bedeutendsten Physiker, als er im Jahre 1913 ein verlockendes Angebot aus Berlin erhielt. Berlin war eine Hochburg des wissenschaftlichen Lebens, und Max Planck und Walter Nernst wollten ihm eine übergeordnete Stellung an mehreren Forschungsinstituten gleichzeitig verschaffen. Eigens für ihn sollte ein Physikalisches Institut der Kaiser-Wilhelm-Gesellschaft – der Vorläuferin der heutigen Max-Planck-Gesellschaft – gegründet werden, deren Direktor er sein sollte. Zusätzlich sollte er Professor der Berliner Universität werden, ohne jedoch irgendwelche Lehrverpflichtungen zu haben. Natürlich würde er das Recht bekommen, Vorlesungen halten zu dürfen, wenn er wünschte. Sein Gehalt sollte weit höher sein als in Zürich. Das Angebot war traumhaft, der einzige Haken war, dass Einstein wieder deutscher Staatsbürger werden sollte. Einstein stellte aber die Bedingung, Schweizer bleiben zu dürfen. Als ihm das zugestanden wurde, willigte er ein.

So siedelte die Familie Einstein am 6. April 1914 nach Berlin über. Einsteins Ehe mit Mileva hatte nie unter einem besonders guten Stern gestanden, doch nach dem Umzug nach Berlin verschlechterte sich ihre Beziehung drastisch. Kurze Zeit später kehrte Mileva dann mit den beiden Kindern für die Ferien nach Zürich zurück. Im August 1914 brach der Erste Weltkrieg aus, und es wurde beschlossen, dass die Familie vorerst getrennt bleiben sollte. Einstein führte das Leben eines Junggesellen. Diese Trennung führte schließlich 1919 zur Scheidung. Obwohl Einstein froh war, von Mileva befreit zu sein, sorgte er weiterhin für sie und seine Söhne. Die ganze Kriegszeit über schickte er Geld aus Deutschland in die Schweiz. Auch das Geld, das er zu seinem Nobelpreis 1921 erhielt, übergab er Mileva und den Kindern. Am 2. Juni 1919 heiratete Einstein zum zweiten Mal. Diesmal eine verwitwete Tochter eines Vetters väterlicherseits, Elsa Löwenthal, die zwei Töchter, Margot und Ilse, mit in die Ehe brachte.

Einstein genoss das Leben an der Berliner Universität sehr. Er musste keine Vorlesungen halten und hatte im wöchentlich stattfindenden physikalischen Kolloquium einige der namhaftesten Wissenschaftler als Gesprächspartner: Lise Meitner, Erwin Schrödinger, Max Planck, Walther Nernst, Max von Laue, James Franck und Gustav Hertz. Dennoch blieb Einstein immer ein Einzelgänger. Rudolf Ladenburg meinte einmal: »In Berlin gab es zwei Arten von Physikern – Einstein und alle anderen Physiker.« Als die deutschen Soldaten 1914 in das neutrale Belgien einmarschierten, kam es zu massiven Protesten anderer Nationen. Deshalb initiierte die deutsche Regierung den »Aufruf an die Kulturwelt«, in dem das völkerrechtswidrige Verhalten gerechtfertigt werden sollte. Er war von 93 prominenten Persönlichkeiten des Geisteslebens unterzeichnet, auch von vielen bedeutenden Wissenschaftlern, wie zum Beispiel von Wilhelm Conrad Röntgen, Fritz Haber, Philipp Lenard, Walther Nernst, Ernst Haeckel, Max Planck, Paul Ehrlich, Wilhelm Ostwald, Felix Klein und Emil Fischer. Einsteins Unterschrift aber fehlte.

Stattdessen verfasste er gemeinsam mit dem Physiologen Georg Friedrich Nicolai den »Aufruf an die Europäer«. Darin wurden alle Wissenschaftler Europas aufgefordert, sich für eine rasche Beendigung des Krieges einzusetzen. Es fanden sich jedoch nur noch drei oder vier weitere Unterzeichner, deshalb unterblieb eine Veröffentlichung.

Einstein war vehementer Kriegsgegner. Mit einigen anderen Gleichgesinnten gründete er im November 1914 den »Bund Neues Vaterland«, der für einen baldigen Frieden ohne Gebietsansprüche eintrat. Den Mitgliedern dieses Bundes schwebte auch die Errichtung einer internationalen Organisation vor, die künftige Kriege unmöglich machen sollte. 1916 wurde der Bund verboten, wurde aber illegal weitergeführt. Nach Kriegsende mündete er in die »Deutsche Liga für Menschenrechte«, die später von den Nazis aufgelöst wurde.

Schon 1911 hatte Einstein in seinem Aufsatz »Über den Einfluss der Schwerkraft auf die Ausbreitung des Lichtes« die Vermutung geäußert, dass Lichtteilchen, die sehr nahe an der Sonne vorbeifliegen, von ihr angezogen werden und deshalb keine geradlinige Bahn mehr haben. Dies hätte man mit dem Licht von Sternen kontrollieren können, die am Himmel dicht neben der Sonne zu stehen scheinen. Jedoch ist das Sonnenlicht so hell, dass es das schwache Licht der Sterne völlig überblendet. Deshalb konnte man Einsteins Vermutung nur bei einer totalen Sonnenfinsternis überprüfen, bei der der Mond das Sonnenlicht vollständig abblendet. Totale Sonnenfinsternisse sind aber recht selten, und auch dann nicht überall auf der Erde zu sehen. Die erste nach 1911 fand 1914 statt und war nur in Russland zu beobachten. Wegen des Krieges konnten die Messungen aber nicht stattfinden.

Neben seinen politischen Aktivitäten setzte Einstein auch seine physikalischen Forschungen fort. Am 4. November 1915 legte er der Preußischen Akademie der Wissenschaften eine Abhandlung vor mit dem Titel »Zur allgemeinen Relativitätstheorie«. Auf nur neun Druckseiten stellte er eine der wohl größten Kulturleistungen des 20. Jahrhunderts dar. Max Planck sagte später über diese Arbeit, sie könne nur mit Leistungen Johannes Keplers und Isaac Newtons gemessen werden. Bei der mathematischen Formulierung dieser Theorie wirkte in erster Linie Marcel Großmann mit, Einsteins Freund aus seiner Studentenzeit, der inzwischen Professor in Zürich geworden war.

Die nächste totale Sonnenfinsternis war am 29. März 1919. Zwei englische Expeditionen, eine in Nordbrasilien und eine im Golf von Guinea, führten genaue Beobachtungen und Messungen durch. Die Auswertung ergab, die Lichtteilchen wurden tatsächlich um den von Einstein vorhergesagten Winkel von der Sonne in ihrer Bahn abgelenkt. Die Allgemeine Relativitätstheorie schien bestätigt zu sein. Züricher Freunde teilten Einstein ihre Freude darüber in Versform mit:

»Alle Zweifel sind entschwunden
Endlich hat man es gefunden:
Das Licht, das läuft natürlich krumm
Zu Einsteins allergrößtem Ruhm!«

Von nun an interessierten sich auch die Zeitungen und die breite Öffentlichkeit für Albert Einstein und seine Theorien. In allen Ländern erschien immer wieder sein Bild in der Tagespresse, und seine Meinung und seine Ansichten zu allen möglichen Dingen des wissenschaftlichen, gesellschaftlichen, politischen und philosophischen Lebens waren gefragt. Dieser Weltruhm Einsteins ist bis heute ungebrochen.

Gleichzeitig formierten sich jedoch Albert Einsteins Gegner. Im Jahre 1920 gründete der Hochstapler Paul Weyland die »Arbeitsgemeinschaft deutscher Naturforscher zur Erhaltung reiner Wissenschaft«, deren prominentestes Mitglied der Physiker und Nobelpreisträger Philipp Lenard (1862–1947) war. Lenard war glühender Nationalist, Antisemit und später Mitglied der NSDAP. Bei den Kundgebungen dieser Arbeitsgemeinschaft wurde gegen die »Lobhudelei« für Einstein gewettert, über die geistige Verflachung des deutschen Volkes geklagt, und die Relativitätstheorie wurde als Massensuggestion und Produkt einer geistig verwirrten Zeit dargestellt.

In den folgenden Jahren machte Albert Einstein einige längere Vortragsreisen. Chaim Weizmann, der Führer der zionistischen Bewegung, wollte mit ihm eine gemeinsame Reise durch die USA unternehmen, um für die Schaffung einer jüdischen Heimat in Palästina und für die Gründung einer jüdischen Universität in Jerusalem zu werben. Man erhoffte sich eine finanzielle Unterstützung von den reichen amerikanischen Juden. Einstein willigte ein, seine Berühmtheit für diesen Zweck einzusetzen. Im Frühjahr 1921 fuhren sie mit einem Dampfer über den Atlantik. Im New Yorker Hafen wurden sie von einer großen Menschenmenge erwartet. Einstein verließ das Schiff, umringt von zahlreichen Presseleuten, mit seiner Pfeife in der einen und mit dem Geigenkasten in der anderen Hand. Er wurde im offenen Wagen quer durch New York gefahren. Dieser Korso zeugt von der Achtung, die die Öffentlichkeit ihm bereits zu dieser Zeit entgegenbrachte. In Washington wurde er sogar vom amerikanischen Präsidenten Warren Hording empfangen. Überall, wo Albert Einstein in den USA hinkam, wurde er begeistert aufgenommen. Am 9. Mai 1921 bekam er die Ehrendoktorwürde der Princeton University verliehen. Der Rektor begann seine Laudatio mit den Worten: »Wir begrüßen den neuen Kolumbus der Naturwissenschaft, der einsam durch die fremden Meere des Denkens fährt.«

Ende 1922 ging Einstein auf eine Vortragsreise nach Japan. Während dieser Zeit erhielt er die Nachricht, dass ihm rückwirkend der Nobelpreis für Physik des Jahres 1921 zuerkannt worden war.

Als überzeugter Pazifist ließ Einstein keine Gelegenheit aus, dem Weltfrieden zu dienen. Als er 1922 in die zum Völkerbund gehörende »Commission pour la Coopération Intellectuelle« berufen wurde, nahm er zunächst an, trat aber 1923 wieder aus, als er merkte, dass der Völkerbund nichts tat, um den Frieden zu erhalten. Sein Austritt hatte jedoch unerwartete Folgen: Er wurde gerade in nationalsozialistischen Kreisen begrüßt. Deshalb trat er der Kommission 1924 wieder bei.

Im Dezember 1930 reiste Einstein nach langer Zeit wieder einmal nach Amerika. Er war zur wissenschaftlichen Mitarbeit am »California Institute of Technology« eingeladen worden und hatte vom Ministerium in Berlin die Genehmigung erhalten, jedes Jahr drei Monate in Kalifornien zu arbeiten. Im Herbst 1932 reiste Einstein mit seiner Frau erneut nach Amerika. Als sie ihr Haus verließen, sagte er zu ihr: »Bevor du unsere Villa diesmal verlässt, schau sie dir sehr gut an. Du wirst sie niemals wieder sehen.« Er sollte Recht behalten.

Am 30. Januar 1933 wurde Adolf Hitler Kanzler des Deutschen Reiches. Von da an wurde in Deutschland Einsteins Ruf systematisch untergraben. Im Mai 1933 erschien im »Völkischen Beobachter« ein Artikel von Philipp Lenard, in dem er schrieb: »Das wichtigste Beispiel für den gefährlichen Einfluss jüdischer Kreise auf das Studium der Naturwissenschaften bietet Herr Einstein mit seinen von der Mathematik her zusammengestümperten Theorien.« Einsteins Relativitätstheorie konnte in Deutschland unter Nationalsozialisten schon allein deshalb nicht richtig sein, weil Einstein Jude war. Oder um es mit einem Vers aus einem Gedicht von Christian Morgenstern zu sagen: »Weil, so schloss er messerscharf, nicht sein kann, was nicht sein darf.« Einstein seinerseits verurteilte von Amerika aus öffentlich das Hitlerregime.

Albert Einstein reiste nicht mehr nach Deutschland zurück, sondern zog nach Belgien in den kleinen Badeort Le Coq. Den Juden in Deutschland wurde das Leben immer schwerer gemacht. Auch Einsteins Haus in Caputh in der Nähe von Berlin wurde durchsucht. Die seit etlichen Jahren bestehende Einsteinstraße in Ulm sollte in Fichtestraße umbenannt werden. Sein Konto in Berlin wurde gesperrt und sein gesamtes Vermögen von 30 000 Reichsmark konfisziert, und dann wurde auch noch seine Villa in Caputh beschlagnahmt. Schließlich setzten die Nazis auf Einsteins Kopf eine Prämie von 50 000 Reichsmark aus. Der Massenmord an den Juden begann.

Im Herbst 1933 ergab sich für Einstein erneut die Möglichkeit, für sechs Monate nach Amerika zu fahren. Er war von dem Gründer des »Institute for Advanced Studies«, Abraham Flexner, nach Princeton in der Nähe von New York eingeladen worden, um dort ohne Lehrverpflichtungen in Ruhe zu arbeiten. Nach einiger Zeit reifte in Einstein der Plan, überhaupt nicht mehr nach Europa zurückzukehren. Er beantragte die amerikanische Staatsbürgerschaft 1935 und erhielt sie dann am 22. Juni 1940. 1936 stirbt seine Frau Elsa.

Im Juli 1939 besuchten die beiden ungarischen Physiker Leo Szilard (1898–1964) und Eugene Wigner (1902–1995) Albert Einstein in Peconic Grove auf Long Island, wo dieser den Sommer verbrachte. Einstein war genau wie Szilard und Wigner davon überzeugt, dass die deutschen Wissenschaftler an einer Atombombe arbeiten würden. Szilard und Wigner traten an Einstein mit der Bitte heran, an den amerikanischen Präsidenten einen Brief zu schreiben.

Dieser Brief sollte Franklin D. Roosevelt (1882–1945) vor einer deutschen Atombombe warnen und ihn auffordern, ein Forschungsprojekt für den Bau einer amerikanischen Atombombe zu veranlassen. Einstein tat es am 2. August 1939, obwohl er ein überzeugter Pazifist war. Präsident Roosevelt kam der Aufforderung nach und rief das wahrscheinlich größte Forschungsprojekt der amerikanischen Geschichte ist Leben. Es sollte später unter dem Namen »Manhattan-Projekt« bekannt werden und brachte die erste Atombombe hervor. Einstein selbst war an den Forschungsarbeiten niemals beteiligt.

Am 6. und am 9. August 1945 warfen die Amerikaner zwei Atombomben über den japanischen Städten Hiroshima und Nagasaki ab. Über 100 000 Menschen starben. Die genaue Zahl kennt niemand. Robert Oppenheimer, der wissenschaftliche Leiter des Manhattan-Projektes, sagte nach dem Bombenabwurf: »Jetzt haben die Physiker die Sünde kennen gelernt, und das Wissen wird sie nie mehr verlassen.« Einsteins Beitrag zur Atombombe beschränkt sich auf zwei Sachen: Er entdeckte 1905 die physikalische Grundformel $E = mc^2$, ohne die die Bombe nicht möglich gewesen wäre, und er schrieb 1939 den Brief an Präsident Roosevelt.

Atombombe

Die Anzahl der verschiedenen Legosteintypen ist begrenzt. Trotzdem können Kinder daraus eine ganze Spielzeugwelt bauen mit Menschen, Tieren, Häusern, Autos und Eisenbahnen. Ganz ähnlich ist auch alle Materie der wirklichen Welt aus nur zweiundneunzig verschiedenen Arten von Bausteinen zusammengesetzt. Diese Bausteinarten werden »Chemische Elemente« genannt. Einige von ihnen sind Eisen, Kupfer, Aluminium, Sauerstoff und Uran. Den kleinstmöglichen Baustein jeder Art nennt man Atom. Das Wort stammt aus dem Griechischen und bedeutet »das Unteilbare«. Man hatte sich lange Zeit ein solches Atom, nehmen wir einmal ein Eisenatom, als massives winzig kleines Kügelchen aus reinem Eisen vorgestellt. Um 1900 merkten die Physiker jedoch, dass diese Vorstellung falsch sein musste. Sie stellten fest, der weitaus größte Teil eines Atoms ist leer wie das Weltall, und nur im Zentrum sitzt ein unvorstellbar kleiner Kern, der »Atomkern«, der von noch kleineren Teilchen, den Elektronen, umkreist wird. Der Atomkern selbst ist auch nicht massiv und strukturlos, sondern wieder zusammengesetzt aus kleinsten Teilchen, die man Elementarteilchen nennt.

In den Dreißigerjahren des 20. Jahrhunderts war man schließlich zu der Vorstellung gelangt, dass jeder Atomkern aus zwei Arten von Elementarteilchen, den Protonen und den Neutronen, aufgebaut ist. Um welches chemische Element es sich bei einem Atom handelt, legt allein die Anzahl der Protonen im Atomkern fest. So hat beispielsweise ein Sauerstoffatom acht Protonen im Kern, ein Eisenatom 26 und ein Uranatom 92.

»Wenn ein Atomkern aus mehreren Teilchen besteht, so muss es doch möglich sein, ihn zu halbieren«, sagten sich die Wissenschaftler und machten sich ans Werk. Die Ersten, die dabei Erfolg hatten, waren Otto Hahn (1879–1968), Lise Meitner (1878–1968) und Fritz Straßmann (1902–1980). Im Jahre 1938 gelang es ihnen in Berlin, die Spaltung von Urankernen nachzuweisen. (Lise Meitner war bei dem erstmaligen Nachweis einer Kernspaltung nicht dabei. Sie war, da sie Jüdin war, kurz vorher vor den Nazis nach Schweden geflohen.)

Nun könnte man erwarten, die beiden neuen Atomkerne, die durch die Spaltung entstehen, haben zusammen die gleiche Ruhemasse wie der ursprüngliche Urankern. Das ist aber nicht der Fall. Die Ruhemasse ist um etwa 0,1 Prozent geschrumpft. Weil aber, wie wir wissen, Masse nicht einfach verschwinden kann, muss sich die fehlende Ruhemasse in Bewegungsenergie verwandelt haben. Die Umwandlung von 0,1 Prozent der Ruhemasse in Bewegungsenergie hört sich wenig an, tatsächlich ist es aber gigantisch viel. Nun kann man diese Energie verschieden einsetzen, man kann Wohnungen damit heizen, Essen kochen oder Schiffe antreiben, man kann sie aber auch zur Zerstörung von Städten und zum Töten von Menschen benutzen.

Aus wenig Materie viel Energie zu gewinnen, ist der Traum jedes Militärs, denn es bedeutet, man kann mit einer kleinen Bombe gigantische Zerstörungen errei-

chen. So war dann auch die erste Anwendung der Kernspaltung der Bau der Atombombe.

Auf Betreiben der beiden ungarischen Physiker Leo
Szilard und Eugene Wigner rief Präsident Franklin
D. Roosevelt im Jahre 1939 ein Forschungsprojekt ins
Leben, das später das »Manhattan-Projekt« genannt
wurde und das Ziel hatte, eine amerikanische Atombombe zu bauen. Ab 1942 wurde es mit Hochdruck vorangetrieben, und zeitweilig arbeiteten über 10 000 Menschen daran.

Am 16. Juli 1945 morgens um fünf Uhr war es dann
so weit. Die erste Atombombe der Welt wurde in der
Wüste von New Mexico gezündet, und das nukleare
Zeitalter begann. Der Physiker Otto Robert Frisch
(1904–1979), der in dem Beobachtungsbunker war, beschrieb die ersten Sekunden nach der Explosion so:

»Und dann, ohne den geringsten Laut, schien die
Sonne – oder es sah zumindest so aus. Die Sandhügel
am Horizont gleißten in einem hellen Licht, fast farb-
und gestaltlos. Dieses alles durchdringende Licht blieb
unverändert für etwa zwei Sekunden, dann wurde es
langsam dunkler. Ich drehte mich um, aber jenes Objekt am Horizont, das wie eine kleine Sonne aussah,
war immer noch zu helle, als dass man direkt darauf
schauen konnte. Ich blinzelte und versuchte, es genauer anzuschauen, und nach etwa zehn Sekunden
hatte es sich vergrößert, war weniger gleißend und sah
nun aus wie ein riesiges Ölfeuer, mit einer Struktur, die
einer Erdbeere ähnelte. Langsam erhob es sich vom Boden, mit dem es durch einen immer länger werdenden
Stamm wirbelnden Sandes verbunden war. Es kam mir

vor wie ein rot glühender Elefant, der sich mit seinem Rüssel in der Luft hält. Dann, als die Wolke heißen Gases sich langsam abkühlte und dunkelrot wurde, konnte man sehen, dass das Ganze von einem bläulich glühenden Kranz umgeben war, verursacht durch das Glühen der ionisierten Luft.«

Julius Robert Oppenheimer (1904–1967), der wissenschaftliche Leiter des Manhattan-Projektes, sagte später: »Einige Leute im Bunker lachten, einige schrien, die meisten schwiegen. Durch meinen Kopf ging eine Zeile aus dem Bhadavad-Gita, in dem Krishna versucht, den Prinzen zu überzeugen, dass er nunmehr seine Pflicht zu tun habe: ›Nun bin ich der Tod, der Zerstörer aller Welten.‹«

Julius Robert Oppenheimer

Julius Robert Oppenheimer wurde am 22. April 1904 in New York geboren. Nach seiner Schulzeit begann er 1922 Griechisch und Latein zu studieren, wechselte aber bald zu Physik und Chemie. Er erhielt 1925 sein Diplom und reiste nach Europa, um in Cambridge, Göttingen, Leiden und Zürich seine Kenntnisse zu vertiefen. 1929 kehrte Oppenheimer nach Amerika zurück und erhielt 1936 eine ordentliche Professur an der Universität von Berkeley in Kalifornien. In seinen Forschungen beschäftigte er sich vor allem mit der Quantenmechanik und der Physik der Atomkerne.

Im Alter von erst 38 Jahren wurde er 1942 zum wissenschaftlichen Leiter des Manhattan-Projekts, das in Los Alamos, in der Wüste von New Mexico, die erste Atombombe entwickelte. Sie wurde nach seinen Plänen gebaut. Als 1945 Deutschland kapituliert hatte und damit zwar der Zweite Weltkrieg in Europa zu Ende war, nicht jedoch im Pazifik, waren etliche am Manhattan-Projekt beteiligte Wissenschaftler der Meinung, die Atombombe brauchte nicht mehr eingesetzt zu werden. Doch der militärische Leiter des Projektes, General Groves, war für einen Abwurf über Japan.

Nach dem Ende des Zweiten Weltkrieges kehrte Oppenheimer zuerst an die Universität von Berkeley zurück und ging dann später zur Universität von Princeton. Wegen kommunistischer Aktivitäten in seinen jungen Jahren und vor allem wegen seiner Weigerung, am Bau der Wasserstoffbombe mitzuarbeiten, enthob man Oppenheimer 1954 aller öffentlichen Ämter. Erst 1962/63 rehabilitierte ihn Präsident John F. Kennedy. In seinen letzten Lebensjahren wurde Oppenheimer Pazifist und trat für eine ausschließlich zivile Nutzung der Kernenergie ein.

Am 18. Februar 1967 starb J. Robert Oppenheimer in Princeton.

Einige Wochen später wurde Oppenheimers Gedanke zur entsetzlichen Wahrheit. Am 6. August 1945 wurde auf Präsident Harry S. Trumans Befehl eine Atombombe über der japanischen Hafenstadt Hiroshima abgeworfen und drei Tage später eine zweite über Naga-saki. Hiroshima wurde durch diese eine Bombe zu mehr als 60 Prozent zerstört, und nach japanischen Angaben starben 140 000 Menschen. In Nagasaki war das Aus-maß der Zerstörung etwas geringer. Die Stadt wurde zu 40 Prozent zerstört, und es starben etwa halb so viele Menschen wie in Hiroshima.

Die beiden Atombomben waren unterschiedlich ge-baut. Die Hiroshima-Bombe, die »Little Boy« genannt wurde, enthielt als spaltbares Material Uran, die Naga-saki-Bombe, »Fat Man« genannt, hingegen Plutonium *(Bild 31)*.

Bild 31: *Die beiden Atombomben, die 1945 über Hiroshima und Nagasaki abgeworfen wurden.*

Little Boy wog insgesamt vier Tonnen, aber nur ungefähr fünfzehn Kilogramm davon waren Uran. Davon wurde bei der Explosion ein Kilogramm gespalten und dadurch 0,1 Prozent dieses einen Kilogramms, also ein Gramm, in Bewegungsenergie verwandelt. Mit der Gleichung $E = mc^2$ ergibt dies eine Energie von etwa 23 Millionen Kilowattstunden. Das entspricht einer Sprengkraft von 20 000 Tonnen TNT (Trinitrotoluol), dem herkömmlichen Bombenbaustoff.

Nachdem die Kernspaltung für den Bau von Atombomben genutzt worden war, bemühten sich die Forscher auch um friedliche Anwendungen. Kernkraftwerke zur Stromerzeugung wurden in mehreren Industrieländern entwickelt. Am 17. Oktober 1956 schaltete die englische Königin in Calder Hall das erste Kernkraftwerk ans Stromnetz. Obwohl die Kernenergie in Teilen der Bevölkerung und auch bei vielen Wissenschaftlern sehr umstritten war, wurden immer mehr Kernkraftwerke gebaut. Im Jahre 1991 wurden beispielsweise in Frankreich und in Litauen 76 Prozent des elektrischen Stromes aus Kernenergie gewonnen. Auch in Belgien, Schweden, Finnland, Südkorea, Spanien, Japan, der Ukraine, der Slowakei und der Schweiz lag der Anteil zwischen 30 und 55 Prozent. In Deutschland betrug er 1991 etwa 30 Prozent.

Der große Unterschied zwischen einer Atombombe und einem Kernkraftwerk ist, dass bei der Bombe die Umwandlung von Ruhemasse in Bewegungsenergie schlagartig passiert, wohingegen sie beim Kraftwerk ganz langsam abläuft. Im Prinzip funktionieren alle Arten von Kernkraftwerken gleich: Aus Ruhemasse wird Bewegungsenergie, die als Wärme auftritt, mit der meistens Wasser erhitzt wird. Beim weiteren Ablauf besteht kein wesentlicher Unterschied mehr zwischen einem herkömmlichen Kohle- oder Erdölkraftwerk und einem Kernkraftwerk. Durch das Erhitzen kommt das Wasser eines geschlossenen Kreislaufs in Bewegung, durchströmt dabei eine Turbine, die einen Stromgenerator antreibt, wird dann abgekühlt und fließt anschließend wieder in den Bereich der Kernspaltung, wo der Kreislauf von neuem beginnt.

Albert Einstein: Die letzten Jahre

Im Jahre 1945 wurde Albert Einstein 66 Jahre alt und trat in den Ruhestand. Er durfte aber sein Büro im »Institute for Advanced Studies« in Princeton behalten und arbeitete dort weiterhin an seiner »Einheitlichen Feldtheorie«.

Mit Deutschland hat sich Einstein nach dem Zweiten Weltkrieg nie wieder versöhnen können. Er hatte eine große Abneigung gegen alles, was ein Stück des öffentlichen Lebens Deutschlands verkörperte. Als der deutsche Bundespräsident Theodor Heuss ihn fragte, ob er seine Mitgliedschaft im Orden »Pour le mérite« erneuern wolle, schrieb er diesem: »Nach dem Massenmord, den die Deutschen an dem jüdischen Volk begangen haben, ist es evident, dass ein selbstbewusster Jude nicht mehr mit irgendeiner offiziellen Veranstaltung oder Institution verbunden sein will.«

Am 9. November 1952 starb Chaim Weizmann, der erste Präsident des Staates Israel. Nun wurde Albert Einstein dieses Amt angetragen. Er lehnte ab und schrieb: »Mein Leben lang mit objektiven Dingen beschäftigt, habe ich weder die natürliche Fähigkeit noch die Erfahrung im richtigen Verhalten zu Menschen und in der Ausübung offizieller Funktionen. Deshalb wäre ich für die Erfüllung der hohen Aufgabe auch dann ungeeignet, wenn nicht vorgerücktes Alter meine Kräfte in steigendem Maße beeinträchtigen würde.«

Um Einsteins Gesundheitszustand war es nicht gut bestellt. Er hatte eine Leberzirrhose und ein mit dem

Dickdarm verwachsenes Aorten-Aneurysma. Trotzdem arbeitete Einstein weiter. Am 13. April 1955 wurde Einstein in das örtliche Krankenhaus von Princeton eingeliefert. Er starb am 18. April 1955 um 1.00 Uhr.

Im Augenblick seines Todes murmelte er noch etwas auf Deutsch. Doch die Nachtschwester verstand kein Deutsch, und so sind Einsteins letzte Worte auf immer verloren. Er wurde auf eigenen Wunsch eingeäschert und die Asche in alle Winde verstreut.

Stichwort- und Personenverzeichnis

Sein Blick sagte mir alles. Ich war mir sicher, einen besonderen Freund in ihm gefunden zu haben.

Wir saßen nächtelang bei den Seeleuten und ließen uns anhand des umfangreichen Kartenmaterials der seemännischen Aufzeichnungen erläutern, welches Schiff und welche Route letztendlich für uns als die geeignetste erschien.

Bohemund hatte durch einen Boten noch einmal klar gemacht, dass er dieses Unternehmen als seines betrachtete und die Kosten der Überfahrt übernehmen würde. So oblag es einzig seinen Seestreitkräften, sowohl das geeignetste Schiff als auch eine erfahrene Besatzung zu stellen.

Als die Bannerheere nach Wochen endlich in Antiochia eintrafen, kamen wir schnell überein, mit Einverständnis Bohemunds in Antiochia ein Winterquartier zu nehmen, bis im Frühjahr eine gesicherte Überfahrt ins Abendland möglich sein würde. Es waren ungefähr noch zweitausend Männer, die den Kreuzzug mit mir überstanden hatten. Ein trauriger Anblick von erschöpften, teils verwundeten Kämpfern, Panzereitern, Rittern oder Fußvolk. Alles Männer, die ihr vor Jahren angenommenes Ziel im Heiligen Land nur teilweise erreicht hatten. Auch diese Tatsache drückte auf meine Stimmung. Mit Dietrich wechselte ich vorerst die letzten Worte.

»Dietrich, du weißt, ich versuche, die Gesandte zu finden.«

Als er mich verständnislos anblickte, erklärte ich ihm noch mal genau die Hintergründe.

»Jetzt verstehe ich auch«, bemerkte er, »warum Ihr immer eine Anstellung bei Bohemund angestrebt habt, edler Alexander von Grüningen. Ich bleibe in jedem Fall bei Euch, komme was will.«

Ich umarmte ihn mit feuchten Augen.

»Danke, Gott segne dich, Dietrich, bis zur Rückkehr. Ich komme jedenfalls wieder mit der Gesandten oder ohne sie.«

Ich, war froh, in Bohemund einen ideenreichen, weitsichtigen und großzügigen Herrscher gefunden zu haben.

Für uns kam als idealer Schiffstyp, wie ich auch vom Kapitän erfahren hatte, nur die Galeere in Frage. Niedrig gebaut, mit einer sehr geringen Breite und wenig Tiefgang. Nachteil war ihre begrenzte Stabilität und Seetüchtigkeit.

Uns genügte für die Unternehmung ein Schiff, dass etwa achtzig Ruderern Platz bot.

Kapitel XXIX

Mit der Galeere des Fürsten ins Abendland

Dann war der Tag des Abschieds endlich gekommen. Unsere Freunde standen am Kai dieser geschichtsträchtigen Hafenstadt und umarmten uns inniglich.

»Wir wünschen Euch nur das Beste. Spürt sie auf, bringt sie zurück in ihre Heimat und zurück in die liebenden Hände von Alexander. Haltet Eure Ohren steif«, sprach Wendt von Wallenrode und half uns mit den Pferden hinüber zum Schiff.

»Denkt auch an die Macht Eurer Schwerter«, rief von der Schewe, der alte Zweihandstratege, noch herüber. Die anderen winkten, und ihre Rufe verhallten sofort, als die ersten anbrandenden Wellen in der Gischt uns in das offene Meer trugen.

Neben den Seemännern befanden sich auch die Ausrüstung mit den Waffen und eben die Pferde an Bord. Es machte das Ganze zwar noch enger, aber Hugo und ich gingen beide davon aus, dass wir auch noch einen langen Weg an Land vor uns hatten.

Der erfahrene Kapitän hatte sich bei den drohenden Stürmen für den Weg an der Adria entlang nach Norden auf Istrien entschieden.

Bereits am dritten Tag erwischte mich die Seemannskrankheit. Ich vermochte kein Essen mehr bei mir zu behalten und erbrach mich zu jeder Gelegenheit. Wir versicherten uns gegenseitig, dass wir aussähen wie der Tod, doch da mussten wir durch.

»Ich habe dich noch nie so schlecht vorbereitet gesehen wie jetzt«, ulkte Hugo.

»Du siehst auch nicht besser aus, wie ein Totengräber bei fahlem Mondschein ohne Schaufel.«

Nie zuvor in meinem Leben hatte ich die Naturgewalten so extrem verspürt wie jetzt. Ich war sie so verdammt leid, die Schaukelei.

Nicht nur, dass wir auf dem Ozean herumgewirbelt wurden wie Treibgut, wir schienen auch den Wellen orientierungslos ausgeliefert zu sein. Wir mussten die Ausrüstung ständig überprüfen und neu verzurren und uns intensiv um die Pferde kümmern. Wie oft flog alles durcheinander, und Ausrüstungsgegenstände klatschten neben uns in das tosende Meer. Ich kann bei Gott nicht behaupten, dass es je einen Moment gegeben hat, an dem ich mich an Bord wirklich wohlgefühlt hätte.

»Eine erbärmliche Nussschale in tobender See«, fluchte Hugo eindrucksvoll.

Tag und Nacht fühlten sich für mich gleich an. Zerfetzte Wolken am Himmel, vorangetrieben von gewaltigen, unberechenbaren Winden. Schwarze Wolkenberge mit nassen, überraschenden Ergüssen. Blitz und Donner waren unsere ständigen Begleiter. Besonders des Nachts, wenn ich festgezurrt an Deck saß, um den Himmel zu beobachten, warfen sie schemenhafte, gespenstische Schatten über die Takelage.

Die Ruderer taten ihr Bestes. Am erträglichsten fand ich die Stunden im beruhigten Wasser, wenn die Männer an den Rudern zusammengesackt und kraftlos auf ihren Bänken saßen. Für keine Bezahlung der Welt hätte ich mit ihnen tauschen wollen.

Nach Wochen kam endlich die Phase, in der wir in Sichtweite von Land wieder Umrisse von Leben entdecken konnten. Etwa auf der Höhe von Venedig auf der Seite von Istrien bei Porec, wie unser Kapitän beschrieb, hatte er sich entschlossen, uns an Land gehen zu lassen.

Die Seeleute verluden mit unseren Anweisungen vorsichtig die verstörten Tiere und halfen uns dabei, die Packpferde zu bestücken. Sie waren fast alle wohlauf, weil sie sich, wie wir kaum glauben konnten, auf hoher See in ihrem Element befanden. Uns hingegen gelang es kaum, aufrecht zu stehen, geschweige denn, große Schritte an Land zu machen. Wir torkelten wie besoffen, konnten kaum unsere Pferde halten. Es war mir schon wieder kotzübel. Den Gestank auf dem Schiff würde ich, wie das letzte Mal, noch tagelang in der Nase haben. Wir verabschiedeten uns von den mutigen Männern und betonten: »Wir haben uns auf Eurem Schiff sehr wohl gefühlt.«

Hugo stand neben mir und grinste. Es wurde mir schon wieder speiübel. Die Seemänner quittierten es mit einem wohlwollenden Lachen und blieben im Hafen zurück, um sich für die Rückfahrt mit neuem Proviant auszustatten. Wir zogen es vor, die Hafenanlagen ganz schnell zu verlassen.

Sobald wir an Land zur Ruhe gekommen waren, befielen mich wieder die sehnsüchtigen Erinnerungen an meine Geliebte. Da ich mit mir und meiner Gesundheit an Bord der Galeere beschäftigt gewesen war, hatte ich diese Gedanken schlichtweg verdrängt.

Mein Inneres war zerrissen. Ich schämte mich, weil es überhaupt keinen Grund gab, ihr zu misstrauen. Wieder und immer wieder war ich die Momente der letzten Wochen mit Sefura durchgegangen. Jedes Wort, jede Haltung, jeder Blick wurden einer genauen Analyse unterzogen.

Ich wiederholte auch im Beisein von Hugo ihre Worte: »In den nächsten Tagen werden wir uns nicht mehr so oft sehen können.«

Hatte das schon etwas zu bedeuten gehabt? Was für ein Tor wäre ich, wenn ich einen Menschen verfolgen würde, der sich längst entschlossen hatte, mich zu verlassen und im Geleit des Königs ins Abendland zu ziehen? Der Mensch, insbesondere der liebende, besitzt die verfluchte Gabe, sich selbst zu quälen. Ich glaubte immer eher den schlechten Deutungen, niemals den guten, positiven.

Ich bemerkte, dass ich bei Hugo mit diesen immer abstruser werdenden Gedankengängen ganz schön Unbehagen auslöste.

»Geh ich dir manchmal nicht auf die Nerven mit meinem Liebeskummer, Hugo?« fragte ich ihn frei heraus.

»Man kann sich daran gewöhnen, Alexander, mach dir keine Sorgen.«

Er behielt erstaunlicherweise einen klaren Kopf und schien sich im Augenblick immer mehr der notwendigen Wegfindung zu widmen.

Wonach suchten wir eigentlich? Nach einem König, der mit Prunk und Trommelbegleitung bereits in der Normandie gelandet war? Wer wusste es denn, ja, wer konnte es denn überhaupt wissen? Wie wäre es, wenn er entweder gar nicht den Weg über Land, sondern den direkten Seeweg gewählt hätte. Nur die nachhaltigen, aber auch erschütternden Überlegungen, wo seine Feinde sitzen könnten, hatten uns zu der Überzeugung geführt, dass ihm der direkte Seeweg verschlossen geblieben war.

Nur der Zufall vermochte uns jetzt behilflich zu sein, und darauf war noch nie Verlass gewesen.

Bei völliger Dunkelheit erreichten wir eine Herberge an der Hauptroute nach Wien. Es war an sich ein Trampelpfad, der nur durch intensive Benutzung zu einer gewissen Breite ausgewachsen war.

»Ob es auch hier so etwas wie Königsfrieden auf den Pfaden wie bei uns gibt, Alexander?«, fragte Hugo nachdenklich, als wir vom Pferd stiegen.

»Ich weiß es nicht, Hugo, ich weiß nur, wer bei uns dagegen verstößt und räuberische Überfälle verübt, wird von einem königlichen Beauftragten noch vor Ort unter freiem Himmel abgeurteilt.«

Die Herberge lag etwas abseits vom Weg. Ich fragte mich, welche Behausung ich gewählt hätte, wäre ich an Richards Stelle.

Egal, wir brauchten erst einmal für uns selbst Unterschlupf und Schutz.

Wir hatten uns vorgenommen, bewusst Kontakt zu den Gästen im Schankraum zu suchen, insbesondere zu denen, die uns einigermaßen vertrauenswürdig vorkamen. Auch den Gastwirt löcherten wir mit Fragen.

»Habt ihr eine größere Reisegruppe hier durchziehen sehen oder waren sie sogar Gäste bei Euch? Sie wären Euch aufgefallen.«

»Nein, ich habe dergleichen in letzter Zeit hier nicht angetroffen, meine Herren.« Hätten wir etwas anderes erwarten können, fragte ich mich.

Wir reisten so verdeckt wie möglich und vermieden es, den Eindruck zu vermitteln, wir seien Edelleute oder gar Kreuzritter. Andersherum hätten wir keinerlei Kontakt zu den einfachen Wanderern, Handwerkern oder Fischern erhalten.

Eines Abends, als wir in jetzt schon bekanntem Muster den Schankraum der Herberge aufsuchten, gelangte ich mit Hugo in eine echte Fischerunterkunft.

Es war laut und verräuchert. Männer in ihrer stinkenden Arbeitskleidung standen in den dunklen Ecken herum oder kauerten in den rau bearbeiteten Holzsitzbänken.

Alkoholreiche Getränke in großen Gefäßen wurden gereicht, und die Stimmung wurde immer besser.

Später am Abend wurden die Gespräche zusehends lauter und die Gäste ungehobelter. Ich fragte den Wirt an unserem Tisch.

»Wer sind diese lauten Gäste da in der Ecke, die aussehen wie Räubergesindel? Muss ich bei Euch Angst haben, Wirt?«

»Ach, da hinten, die scheinen sich mal wieder um Strandbeute zu streiten. Das passiert des Öfteren. Sie lauern an einer Bucht hier ganz in der Nähe darauf, dass sie angeschwemmte Ladungen kapern können.«

»Würdet Ihr so freundlich sein, einen Eurer Burschen mal hinüberzuschicken, um für uns herauszubekommen, um was es da geht, Wirt? Es ist für uns eine unverständliche Landessprache.«

»Zu belauschen? Fragt ihn doch selbst. Da kommt er gerade.«
Ich drehte mich um.

»Würdest du für einen Silberling mal näher hinhören, was die da gerade so laut besprechen, Bursche?«

Der Bedienstete zuckte mit den Schultern, nahm den Silberling und stellte sich unbekümmert und möglichst unauffällig in die Nähe der auffälligen Gäste.

Nach kurzer Zeit suchte er uns wieder auf und berichtete: »Es geht wohl um die Beute von Fischern, die vor kurzem gestrandeten Schiffsbrüchigen bei dem Weg an Land behilflich gewesen waren, ja, diese zum Teil sogar aus den Fluten gerettet hätten.«

Der Bursche erklärte sehr nachdenklich geworden: »Sie sollen englisch gesprochen haben, sehr seltsam.«

Ich hielt inne. Das könnte eine Spur sein. »Hört nochmal genauer hin, Bursche, dann gibt's noch eine Belohnung.«

Er beeilte sich, drehte ab und ging wieder in die Nähe der Strandräuber, wobei er betonte: »Ich werde noch näher heranrücken. Ich hoffe, ich kann Euch behilflich sein.«

Ich trank den Krug vor mir genüsslich aus, und Hugo grinste mich an, als wäre er mit der Welt zufrieden.

Es dauerte nicht lange, als es in der Ecke zu tumultartigen Szenen kam.

Hocker flogen durch die Luft. Einer der Stranddiebe hielt den Bediensteten des Wirts am Kragen und schüttelte ihn. Er brüllte: »Was soll das? Warum rückst du uns mit großen Ohren auf den Pelz, willst du was von uns, dann spuck es jetzt und hier aus.«

Nun war der Zeitpunkt gekommen einzugreifen. Schließlich hatte der arme Junge in unserem Auftrag gehandelt.

Ich sprang auf, ließ meinen Umhang fallen, sodass meine Oberkleidung mit den Kreuzen sichtbar wurde.

Ich zog mein Schwert, welches ich immer in Leder umwickelt dabei hatte, und hielt die kreisende Spitze dem Anführer unter die

Nase. Auch Hugo hatte seine Waffe gezückt, das Gewand mit den Kreuzen geöffnet und hielt den Rest der Strandräuber in Schach.

»Lasst gefälligst den Jungen in Ruhe«, eiferte ich mich.

»Wir sind diejenigen, die jetzt mehr über Eure Beute und die Hintergründe erfahren möchten. Wir versprechen, Euch nach der Auskunft zu verschonen und mit der Beute ziehen zu lassen.«

Sie murrten, aber angesichts der Bewaffnung von mir und Hugo waren die Spitzbuben dann endlich bereit, ihre Geschichte zu erzählen.

»Vor Monaten«, begann der Anführer, »war in der Nähe am Strand ein Schiff zu Bruch gegangen.«

»Wo genau?«, fragte Hugo. »Ganz in der Nähe hier, an der großen Bucht. Fischer, die den Vorgang beobachtet hatten, zogen die Schiffsbrüchigen an Land und halfen bei der Bergung von Ausrüstung und Kleidung.«

»Was war so Besonderes daran?«, fragte ich. »Nun, unter anderem befanden sich bei der Ladung des gestrandeten Schiffes einige Kisten, die erst viel später an Land gespült wurden.«

»Es war so eine byzantinische Galeere«, warf einer dazwischen.

»Auf den zerrissenen Holzdeckeln erkannten wir hoheitliche Zeichen eines Königshauses. Offensichtlich Zeichen, die mehr auf englische oder französische Kreuzfahrer hinwiesen.«

Einer der Gesellen kam zu uns und überreichte uns einen Stoffrest eines angevinischen Banners.

»Eindeutig Richard Löwenherz«, flüsterte ich aufgeregt Hugo zu.

Wir gaben ihnen ein Zeichen zum Aufstehen, und sie verließen Hals über Kopf die Herberge. Nach diesem Moment schmeckte mir das Abendmahl besonders herzhaft, weil ich wieder voller Tatendrang und Hoffnung war.

»Du steckst mich mit deiner guten Laune an, Alexander«, murmelte Hugo.

Obwohl ich davon ausgehen musste, dass es sich um ein Schiffsunglück handelte, hatte ich nicht das Gefühl, mir Sorgen machen zu müssen. Von Toten bei dieser Schiffskatastrophe hatte keiner gesprochen und wenn, dann war sie nicht darunter. Komischerweise ging ich nicht von einem Unglück meiner Angebeteten aus. Es war ein positives Gefühl, was ich nicht näher zu beschreiben vermochte. Die Bilder, die mich nachts im Traum besuchten, zeigten sie wunderschön und quicklebendig. Ich trug sie ständig in meinem Herzen, und sie fehlte mir unendlich. Verdammt, ich musste sie schnellstens finden. Mich konnte jetzt nichts mehr halten. »Morgen reiten wir ganz schnell weiter, Hugo!«

Nach einer ruhigen Nacht packten wir morgens die Ausrüstung auf die Tiere und hoben uns in die Sättel unserer Pferde.

Kapitel XXX

Die erste Spur

Der Wirt hatte uns eine Route benannt, auf der man am besten ins Heilige Römische Reich gelangte. Nach endlosen Überlegungen kam ich mit Hugo überein, dass Richard versuchen musste, die Küste im Norden oder Osten auf dem schnellsten Wege zu erreichen.

Also beschlossen wir, von Herberge zu Herberge zu ziehen, um herauszufinden, welchen Weg er tatsächlich gewählt hatte. So eine Gruppe musste irgendwann einmal auffallen.

Die bedeutendsten Herbergen an der Strecke suchten wir auf. Auch für den Fall, dass man in der Umgebung eine größere Menschenansammlung wahrgenommen hatte, versuchten wir, dieses genauer zu überprüfen. Ab jetzt zogen wir rastlos durch diese Gegend.

Wir bewegten uns von der Küste weg und verfolgten den Weg Richtung Wien, die nächstgrößere Stadt, die als Zielpunkt hätte dienen können. Das war darüber hinaus die einzige Route, die entsprechende Markierungen aufweisen konnte.

Eine Woche zogen wir, wie von Sinnen, von einer Herberge zur nächsten. Doch bis jetzt blieb unsere intensive Suche nach Richard und seinem Gefolge ergebnislos.

Ich gelangte mit Hugo gerade in das Gebiet der Grafen von Görz, die aufgrund ihrer Verbundenheit mit dem Babenberger Herzog Leopold mit Sicherheit eine feindliche Gesinnung gegenüber König Richard Löwenherz besaßen.

Da wir nicht genau wussten, welche Odyssee Richard auf dem Meer vielleicht schon hinter sich gebracht hatte, bevor er dann

Schiffsbruch an dieser Adriaküste erlitten hatte, konnten wir gar nicht einschätzen, ob sie einen erheblichen Vorsprung hatten.

Letztendlich waren es die Wut und der Schmerz, ein weiteres Mal diese Frau durch fremde Hand verloren zu haben, die mich vorwärtstrieben.

Ich fand es darüber hinaus niederträchtig, die königliche Macht dafür auszunutzen, sich mit Gewalt zu nehmen, wonach einem gerade so der Sinn stand.

Es war mir bei Abschätzung der Lage klar geworden, dass eine Befreiung Sefuras nur unter der Prämisse gelingen konnte, dass ich mich im Schatten einer größeren Machtinstitution wie Herzog Leopold bewegen konnte. Nur diese Konstellation, nämlich eine Anwesenheit Richards im Lande einer feindlichen Macht, würde mir dabei helfen, meine Herzdame zu befreien.

Hier in diesem Land zählte der Einfluss eines englischen Königs nichts.

Das bewies unter anderem die Tatsache, dass er glaubte, sich tarnen zu müssen, obwohl jeder Kreuzfahrer grundsätzlich im Schutz der Kirche um freies Geleit hätte nachsuchen können.

KAPITEL XXXI

Der letzte Akt

Es war ein sonniger Morgen im Dezember. Der Winter hatte bereits Kristallreiter an die Glasscheiben der Fenster unserer Herberge gezeichnet. Wir sammelten unsere Pferde und ritten staunend durch die schöne Landschaft der Grafschaft Görz. Neuschnee war gefallen. Es roch nach klarer, trockener Luft. Man hatte das Gefühl, tief und unbeschwert atmen zu können.

Ein zunehmender Wind trieb leichte Schneeflocken vor sich her. Wir legten den Kragen unserer Gewänder fester um den Hals, denn die Kälte schnitt unangenehm in die Gesichter. Alles schien in blau und weiß eingetaucht zu sein, eine Landschaft zum Verlieben.

Ich bemerkte mit Erstaunen, dass ich trotz meiner Anspannung noch Zeit für die Wahrnehmung solch schöner Bilder besaß. Wie wünschte ich mir sehnlichst, derartige bewegende Momente mit der Frau an meiner Seite erleben zu dürfen. Sie gehörte, nach alledem, was wir gemeinsam hatten durchleben und durchstehen mussten, einfach zu mir.

Wir wollten den Tieren Zeit geben, sich an die neuen Verhältnisse auf den schneebedeckten Wegen zu gewöhnen. Deshalb hatte ich mich entschlossen, immer wieder kurze Pausen einzulegen.

Wir gedachten gerade, unsere Packpferde für eine Rast draußen an einer Herberge festzumachen, als uns die Stimme des Gastwirtes in die Wirklichkeit zurückholte: »Auf ein Wort, Ihr Edelleute. Ein Bauer, der mich gerade mit Gemüse versorgte, berichtete mir, er habe von Gefolgsleuten des Grafen Meinhards von Görz gehört, dass man eine Reisegruppe festgesetzt habe. Sie soll sich scheinbar in Begleitung von König Richard von England befinden. Die ganze Region hier ist in heller Aufregung, seitdem man sich solche Neuigkeiten erzählt.«

»Danke für diese erfreulichen Nachrichten, Wirt«, beeilten wir uns zu sagen, um dann, so schnell es eben ging, die Pferde wieder auszurichten, in die Sättel zu steigen und davon zu galoppieren. Am Abend vorher, anlässlich unserer Übernachtung, hatten wir vom Wirt dort zufällig erfahren, wo dieser Graf residierte.

Es war selbstverständlich, dass wir uns nicht zu erkennen geben würden. Waren schon Kreuzfahrer in der Grafschaft, so würde die Kenntnis von weiteren Kreuzfahrern unseren Plan durchkreuzen. Es musste eine geheime Mission bleiben.

Als wir die Burg der Grafen von Görz erreichten, suchte ich, ohne zu zögern, den Kontakt zur Wachmannschaft. Sie wusste in der Regel aufgrund ihrer Nähe zum Geschehen mehr als ihre Vorgesetzten. Ich würde mich dabei als Durchreisender ausgeben, der Amtsgeschäfte in Wien zu erledigen hätte.

Die Überlandwege waren voll von reisenden Handwerkern, Pilgern, kirchlichen Würdenträgern und Gesindel. Da man uns die Version von reisenden Edelleuten abnahm, erhielten wir problemlos Auskunft.

Vor dem mächtigen Burgtor trafen wir auf zwei Uniformierte der Wachmannschaft, die ich um nähere Auskünfte bat: »Verzeiht, wir sind durchreisende Edelleute auf dem Weg nach Wien. Uns ist unterwegs zu Ohren gekommen, dass in Eurem Herrschaftsgebiet eine größere Reisegruppe auffällig geworden ist, derer man aufgrund ungeklärter Herkunft habhaft werden wollte. Wir fürchten Wegelagerer und Vagabunden, insbesondere, wenn sie in größeren Gruppen auftreten.«

Der Wächter musterte uns von oben bis unten und entschied sich nach kurzer Überlegung, mir eine Antwort zu geben: »Ihr könnt auf den Überlandwegen relativ sicher durch unser Herrschaftsgebiet ziehen, edle Herren«, erklärte er.

»Unser Graf Meinhard von Görz ist durch einen Hinweis auf eine größere Reisegruppe aufmerksam geworden, die sich zunächst als Pilger ausgaben.«

»Das hört sich ja höchst geheimnisvoll an, man muss ja um sein Leben fürchten«, erwiderte ich, in der Hoffnung noch mehr zu erfahren. Der Wärter antwortete: »Unser Herr meinte, den englischen König darunter erkannt zu haben und wollte ihn festsetzen, um die näheren Umstände seines Aufenthaltes in unserem Gebiet zu erforschen. Die zurückkehrenden Truppen berichteten, er sei ihnen listenreich entkommen. Sie waren plötzlich wie vom Erdboden verschluckt.«

»Danke, Ihr tapferen Wachleute, das hat uns erst einmal beruhigt, viel Erfolg bei allen weiteren Verfolgungen«, antwortete ich freundlich.

Wir bestiegen unsere Pferde und ritten weiter.

»Wir haben eine erste Spur«, rief ich Hugo begeistert zu.

»Auf geht's, es wird jetzt bis zu unserem Ziel nicht mehr allzu lange dauern.«

»Trotz unserer Packpferde scheinen wir der Reisegruppe an Schnelligkeit überlegen«, resümierte Hugo und trieb sein Tier voran.

Wir hatten es praktischerweise so eingerichtet, dass einer als Vorhut etwas vorausritt und der andere mit den Packpferden hinterher. So waren wir eher vor Überraschungen gefeit.

Weitere fünf Tage und fünf Nächte verbrachten wir in gewohnter Manier ohne irgendeinen neuen Hinweis.

Die Bilder von meiner Liebsten wurden von Nacht zu Nacht drängender.

Ich spürte ihre Anwesenheit. Mir wurde von Tag zu Tag klarer, dass ich nicht nur ihre körperliche Nähe vermisste, sondern auch ihre Vertrautheit bei unseren Gesprächen. Der Wunsch, sie endlich wieder in meine Arme zu schließen, wurde ständig größer.

Wir befanden uns auf dem Hauptweg Richtung Wien und hatten das Herrschaftsgebiet Leopolds vor drei Tagen erreicht. Zig Pilger, allein und in Gruppen unterwegs, waren uns begegnet. Doch Ähnlichkeiten oder Verdachtsmomente hatten sich bislang keine ergeben. Es war kurz vor Weihnachten, als wir uns einer recht abgelegenen Herberge näherten, die uns ein einheimischer Bauer auf einem Heuwagen empfohlen hatte. Er rief uns noch hinterher: »Achtet auf die nächste Weggabelung. Man reitet da auch mal schnell vorbei, und schon hat man es verpasst.«

Als wir in den besagten Weg einbogen, drang der Lärm schon deutlich an meine Ohren. Ganz allein auf einer Waldlichtung erschien plötzlich ein Steinhaus, hell erleuchtet. Ein hektisches Treiben draußen im groß angelegten Hinterhof.

Die Gäste waren scheinbar angewiesen, ihre für die Mahlzeit ausgewählten Tiere vor dem Haus an verschiedenen Feuerstellen selbst zuzubereiten. Es war ein buntes Bild von fröhlichen Menschen, die gruppenweise mit dem Rupfen von Hühnern und dem Zerlegen von Wildtieren beschäftigt waren. Ein unwiderstehlicher Duft von Alkohol und gebratenem Fleisch drang in meine Nase. »Das riecht aber verdammt gut, Alexander. Da meldet sich der Hunger bei mir«, reagierte auch Hugo sofort.

Die ganze Lichtung schien bis zum angrenzenden Wald hin eingetaucht in ein Gewimmel von Menschen. Ein völlig unübersichtliches Treiben drinnen und draußen.

Wir näherten uns vorsichtig diesem Anwesen, um erst einmal von außen überblicken zu können, um welche Art von Menschen es sich bei den Gästen dort handelte. Wir stiegen von unseren Pferden und banden sie vorsichtig samt den Packtieren an mehrere Bäume an. Ohne Ausrüstung und Pferde waren wir wendiger und sicherer. Lediglich mein Schwert hatte ich wie üblich an Lederriemen auf den Rücken geschnallt. Auch Hugo trug es griffbereit am Waffenrock.

Schritt für Schritt näherten wir uns dem scheinbar gastlichen Haus. An einer mit Wacholderhecken zugewucherten Stelle des Waldes postierten wir uns, um von dort aus in sicherer Deckung einen Blick auf das Treiben zu werfen.

»Das ist mal gut durchdacht mit den verschiedenen Feuerstellen«, flüsterte Hugo.

»Schau mal, jede Gruppe, sei sie auch noch so klein, hat einen eigenen Platz zum Speisen. Das gefällt mir, Alexander.«

Auf den ersten Blick schien es sich um eine Herberge am Rande des Überlandweges nach Wien zu handeln, die Gästen jeder Couleur eine Bleibe bot. Ich vermochte mich kaum satt zu sehen an dieser freudigen, festlichen Vorstellung.

»Du hast recht Hugo, ein Fleckchen zum Verweilen. Darüber hinaus ein imposanter Anblick.«

Als ich plötzlich das Jaulen und das Gebell eines Hundes vernahm, fuhr mir der Schreck durch die Glieder. Genau dieses Geräusch hatte ich vor einiger Zeit schon einmal vernommen. Nach angestrengtem Nachdenken überkam mich die Gewissheit. Es handelte sich um diese spezielle Hunderasse aus Antiochia, die Akbas, die uns schon einmal zur Hilfe in höchster Not gereicht hatten. Ich erinnerte mich gut an die wunderschönen Hunde in unserem Zwischenlager am Mittelmeer.

Ein eiskalter Schauer lief mir den Rücken herunter. Der Zufall hatte es gewollt, dass wir uns an diesem abgeschiedenen Ort wiedertrafen.

Mir war bewusst, dass Richard entweder die Wachmannschaften der Gesandten mitführte oder sie gar getötet hatte.

Ich gab Hugo mit der rechten Hand ein Zeichen und flüsterte: »Wir sind jetzt und hier wohl am Ende eines langen, beschwerlichen Weges angelangt, Hugo.«

Dann zog ich ihn zur Seite und fragte so leise wie eben möglich: »Hast du gerade diese Hundelaute vernommen? Erinnere dich an das Gemetzel vor dem Befehlshaberhügel im Feldlager von Akkon, als einer unserer Begleiter aus Antiochia von der Wachmannschaft ermordet wurde.«

Wie Schuppen schien es Hugo von den Augen zu fallen, und sein Körper nahm eine starre, hochkonzentrierte Haltung ein.

»Du hast recht, Alexander«, flüsterte er, »es ist einer dieser seltenen Kampfhunde aus Antiochia!«

Wir eilten schnellen Schrittes zurück zu unseren Pferden und trieben sie noch weiter in den Wald, wo sie unbemerkt und sicher während unserer Abwesenheit verbleiben konnten.

Dann überprüfte ich meine Kampfausrüstung noch einmal, und wir schlichen mit den gezückten Schwertern unter den Gewändern Richtung Steinhaus.

Wir verharrten in sicherer Entfernung. Selbst auf das Knacken der Zweige unter unseren Lederstiefeln gab ich Acht. Ganz aufmerksam suchte ich die direkte Umgebung dieses seltsamen Anwesens ab. Ich ging Feuerstelle für Feuerstelle durch, jedes Gesicht, jeden Schatten, jede Bewegung überprüfte ich sorgfältig. Auch Hugo suchte angestrengt nach Auffälligkeiten.

»Bisher noch nichts«, murmelte er.

Da, endlich entdeckte ich etwas. Vor dem Haus im Feuerschein blieben meine Blicke an einem Mann hängen, der mit mehreren Hunden spielte und sie abwechselnd mit Fleischresten fütterte.

Von nun an behielt ich ihn angestrengt in meinem Blickfeld. Hugo schien ihn auch entdeckt zu haben. Nichts tat sich weiter.

Bis zu dem Augenblick, als sich der Mann erhob, die Fütterung unterbrach und mit einem anderen Mann sprach, der an das Feuer herangetreten war, um ihm etwas zu essen zu reichen. Ein auffällig schmaler, ja fast zarter Körperbau.

»Das ist sie, Ja, wahrhaftig das muss sie sein«, flüsterte ich und nickte Hugo zu. Er begriff sehr schnell. Er schaute selbst noch einmal zu der Stelle, auf die ich mit meinem Finger zeigte, und sprach ganz ruhig: »Ja, Alexander, das ist die Gesandte, ich bin mir jetzt vollkommen sicher. Solange sie zu zweit, getrennt von den anderen, agieren, können wir einen Zugriff wagen. Wir schnappen sie uns beide und laufen durch den Wald im weiten Bogen zurück zu unseren Pferden.«

»So machen wir es, Hugo«, bestätigte ich.

Wir taten es wie besprochen. Wir bewegten uns sehr langsam, Schritt für Schritt, nach allen Seiten sichernd, auf diese Personen zu. Auf ein Handzeichen ergriff ich Sefura, riss sie zu mir und legte sie mir über die Schultern. Genau so ging Hugo bei der Begleitperson vor. Zum Glück waren die Hunde mit ihren Knochen beschäftigt, so dass sie unseren Schwertern entgingen. Sie schienen lange nichts mehr zu fressen bekommen zu haben.

Die Überraschung war auf meiner Seite. Ich legte sie mir mehr über den Rücken und lief dem Wald entgegen. Sobald sie verstanden hatte, was geschehen war, versuchte sie sich loszureißen. Sie zappelte und strampelte, doch ihre Fäuste schlugen ins Leere. Nachdem auch Hugo mit dem Mann den Wald sicher erreicht hatte, stellten wir die beiden auf die Füße. Aufgrund unserer Bewaffnung wagte es keiner mehr, sich zu rühren.

Ich nahm meine Kapuze ab und bemerkte: »Edler Herr Gesandter, es wird höchste Zeit, nach Antiochia zurückzukehren, Euer Fürst bangt um Euch und braucht Eure unverzichtbaren Dienste.«

Sie schaute mich wie ein Gespenst an, bis sie wahrhaftig begriff, wer vor ihr stand.

»Alexander«, rief sie aus, »ich verstehe jetzt gar nichts mehr. Wie kommst du denn hierher? Wie hast du mich gefunden?«

Sie fiel mir schluchzend um den Hals und küsste mich wieder und immer wieder. Ich zog ihren zarten Körper fest an mich.

»Ich lass dich nie wieder los, Sefura, ich schwöre es bei Gott. Du wirst mir nie wieder entwischen.«

Ich bemerkte ihre wohltuende Wärme unter meinem Wams und drückte sie immer wieder an meine Brust. Wir umarmten uns ohne Unterlass, und mir war dabei völlig gleich, was die anderen sich dabei dachten. Ich hatte sie endlich wieder nah bei mir. Ich würde sie nie wieder gehen lassen. Das stand unerschütterlich fest.

Der Begleiter aus Antiochia konnte es nicht fassen, was sich vor seinen Augen abspielte. Der Respekt vor der Person des Gesandten verbot ihm jedoch, irgendeinen Kommentar abzugeben. Es war sicherer, ihn mitzunehmen, da wir sonst mit mehr Gegenwehr bei unserem Angriff hätten rechnen müssen. Außerdem hätte er mit Sicherheit sofort laut Alarm geschlagen.

»Wir müssen erst einmal unsere Pferde sicher erreichen«, betonte ich. Schweigsam suchte ich zwei Packpferde aus und verteilte mit Hugo die Ausrüstung. Sie dienten ab jetzt als Reitpferde für unsere neuen Begleiter.

»Los jetzt, folgt mir«, rief ich, als sie aufgesessen waren. Wir galoppierten, als wäre der Teufel hinter uns her, in die Nacht hinaus, weit weg von diesem ominösen Steinhaus. Sefura ritt genau neben mir, und ich genoss es, wie sie mich anlächelte. Aber für weitere Gedanken blieb keine Zeit. Wir mussten weg von hier, bevor irgendwelche Verfolger sich an unsere Spur heften konnten.

Unterwegs als wir auf eine Gruppe bewaffneter Reiter trafen, sprach ich sie an: »Wir kommen gerade von der großen Herberge im Wald. Ich müsste mich schwer täuschen, wenn ich nicht dort das Gesicht des englischen Königs Richard Löwenherz gesehen hätte. Ich habe gehört, dass er dringend in Euren Landen gesucht wird. Er befindet sich dort inmitten seiner Männer.«

Der Befehlshaber der Söldnertruppe sagte: »Ja, ich habe davon gehört. Ich danke Euch, wir werden ihn sofort dingfest machen.«

»Er ist als Pilger verkleidet«, rief Sefura aufgeregt hinter ihnen her.

Als wir genügend Distanz zwischen uns und den Ort des Zugriffs gebracht hatten, zügelten wir die Pferde und setzten uns an den dortigen Waldrand, um anzuhören, welche Geschichte die Gesandte uns zu erzählen hatte.

»Liebster Alexander«, begann Sefura mit zittriger Stimme, »entschuldige bitte, dass ich dich nicht sofort erkannt habe. Du wirst mir nachsehen müssen, dass ich wahrhaftig nicht damit gerechnet habe, dich auf österreichischem Boden anzutreffen. Nach dieser langen Zeit erst recht nicht.« Sie schaute mich flehentlich an und suchte meine Hand. Ich ergriff sie und zog sie zärtlich an mich. Sie löste sich sanft aus meiner Umarmung, setzte sich aufrecht hin und berichtete weiter: »Als Richard mit seinem Gefolge in See stach, fragte er mich erst gar nicht, ob ich gewillt sei, ihn zu begleiten. Er zwang mich und meine Begleiter, bei tiefster Nacht schlaftrunken auf seine Galeere zu steigen. Meine Leute und ich wurden kurzerhand entwaffnet und auf das Schiff gebracht. Ich war erschüttert angesichts eines solchen gewaltsamen Übergriffs. Er ist kein Deut besser als von Schwaben oder die anderen ungenannten Geister in den führenden Positionen. Immer das gleiche, die Macht steigt ihnen zu Kopfe.«

Sefura schüttelte sich, anscheinend in Gedanken an ihre verzweifelte Ohnmacht.

»Er bildete sich ein, ich sei für immer bereit, sein persönlicher Berater zu sein. Er hatte außerordentliche Freude daran, seine Macht zu zeigen. Er fragte nicht weiter und nahm sich mit königlicher Herrschaftsmacht das, was er haben wollte. Ein unverschämter, geltungssüchtiger und gewaltbereiter Kraftprotz.«

»Das habe ich stets so empfunden«, überlegte ich, »ich frage mich, entwickelt sich so etwas oder liegt das in der Natur solcher Menschen?«

»Das wird man schwer beurteilen können«, warf Hugo nachdenklich ein. Sefura sah uns ernst an. Dachte sie auch in diesem Moment an Bohemund?

»Da wir an keiner Küste sicher landen konnten«, fuhr sie fort, »weil überall feindlich gesinnte Mächte lauerten, segelten wir wochenlang ratlos auf dem Mittelmeer herum. Auf der Höhe Venedigs an der gegenüberliegenden Adriaküste erlitten wir Schiffsbruch mit mehreren Toten. Darunter fast alle meine Leute. Nur die Hunde konnten sich an Land retten.«

Sie schaute mit Tränen in den Augen zu mir hoch und ergänzte.

»Ich muss sagen, der englische König hat keinen von uns persönlich bedrängt, brauchte er auch gar nicht, seine waffenstrotzenden Wachleute ließen keinen Zweifel daran, wie es Abtrünnigen ergehen würde.«

»Da braucht es keine weiteren Zeichen«, rief Hugo dazwischen.

»Als wir an den Gestaden der Adria mit den Galeeren Schiffsbruch erlitten, habe ich den König zum ersten Mal unentschlossen gesehen wie niemals zuvor.«

Sie rückte näher an mich heran und berührte zärtlich meine Brust.

»Er entschied sich nach langen Überlegungen, als Pilger verkleidet mit seinem verbliebenen Gefolge durch das österreichische Herrschaftsgebiet zur nächsten Küste im Norden zu ziehen.«

»Wie kam er auf so eine verrückte Idee, Sefura? Im Grunde genommen beschämend, weil es nach der strengen Rangordnung unserer gesellschaftlichen Gepflogenheiten, gilt, Ehre und Status in der Öffentlichkeit zu demonstrieren und nicht die Vorführung eines so jämmerlichen Versteckspiels.«

Sie hielt einen kurzen Moment inne, um tief Luft zu holen. Dann erhob sie ihre Stimme und erläuterte: »Wenn wir an die bekannten, wohl inszenierten Auftritte König Richards in Sizilien, Zypern und im Heiligen Land denken, ein Widerspruch ohne Beispiel zu seinem bisherigen Verhalten und ein nicht erklärbarer Abstieg.«

»Versteh das, wer will«, rief Hugo empört.

»Immerhin genießt er als erfolgreicher, führender Kreuzfahrer den unabdingbaren Schutz der Kirche.«

»Doch sein Entschluss«, überlegte Sefura, »zeigte sich als unerschütterlich und er selbst eines Ratschlages absolut unzugänglich. Er hätte doch jederzeit um freies Geleit nachsuchen können.«

Sie schüttelte wiederholt ungläubig ihren Kopf und schien immer noch völlig ratlos ob dieses nicht erklärbaren Verhaltens Richards.

»Vielleicht«, rätselte sie, »war es schon seiner Krankheit geschuldet.«

»Lasst uns weiterziehen«, forderte ich alle zur Eile auf.

Wir bestiegen die Pferde und ritten zu einer uns bekannten Herberge, die Hugo und ich schon auf unserer Suche auf dem Hinweg kennengelernt hatten. Dort gönnten wir uns ein umfängliches Mahl.

»Wann habe ich das zum letzten Mal entspannt genießen dürfen«, rief Sefura begeistert aus, als der Gastwirt uns die dampfenden Speisen reichte.

Inzwischen war auch der Mann aus der Begleitmannschaft der Gesandten aus Antiochia gesprächsbereiter geworden. Kurz bevor er sich ein Stück Huhn in den Mund stopfen wollte, hielt er plötzlich inne.

»Verzeiht mir meine anfängliche Zurückhaltung. Ich musste erst einmal meine Gedanken ordnen. Ich danke Euch für den guten Einfall, mich gleich mitzunehmen. Richard war auch nicht gerade freundlich zu mir. Meine Gesandte, verzeiht mir, Ihr werdet es auch nicht bereuen, mich in Eurer Begleitung zu wissen. Ich werde Euch jederzeit zu Diensten sein.«

Unvermutet überschlugen sich die Nachrichten in der Herberge. Der Gastwirt trat aufgeregt an unseren Tisch.

»Herzog Leopold hat sich in Erdberg bei Wien aufgrund eines anonymen Hinweises Richard Löwenherz bemächtigen können.«

Jedem an unserem Tisch war klar, dass dahinter Leopolds Rache für die erlittene Ehrverletzung und die Demütigung im Heiligen Land vor Akkon stecken musste.

Wir ließen diese brandneuen Nachrichten hinter uns, um auf schnellstem Wege wieder zur Küste zu gelangen, auf einer für mich und Hugo nicht unbekannten Route.

Ich genoss sofort die auferstandene Zweisamkeit mit meiner Liebsten. Die anderen, so hatte ich den Eindruck, störten sich wenig daran.

Ich schaute oft in Sefuras Antlitz, wenn sie so ruhig neben mir lag und eingeschlafen war. Die langen Wimpern, die entspannten weiblichen Züge mit der edlen Nase und dem kleinen Mund, aus dem so zahlreiche, fundierte und kluge Einschätzungen von der jeweiligen politischen Lage und deren Konsequenzen gekommen waren. Wie viele edle Männer, ob Könige, Herzöge, Fürsten, Grafen oder Ritter, hatten auf ihre Ratschläge gehört. Ich vermochte es mir nicht mehr vorzustellen, wie man dieses zarte Wesen einmal für einen Mann hätte halten können.

Wie viele Monate, Tage und Stunden, hatte ich um sie gebangt. Wie oft in meiner Verzweiflung habe ich um sie geweint? Eben noch in meinen Armen, war sie plötzlich verschwunden, von erbarmungslosen Schurken entführt oder der Macht eines Königs ausgeliefert. Ich würde sie nie mehr hergeben, meine große Liebe. Ich schwor mir, sie sicher in ihre Heimat und zu ihrem Herrscher Bohemund zurückzubringen. Der Mann, der sich für ihre Familie, für sie und ihre einzigartige Entwicklung verantwortlich zeichnete und den sie, das wusste ich aus ihren Erzählungen, als Menschen genauso schätzte wie ich. Er hatte, ohne zu zögern, meinem Hilfegesuch stattgegeben, hatte bis zuletzt seiner Gesandten vertraut, nicht den geringsten Zweifel an ihrer Loyalität aufkommen lassen. Ohne seine tatkräftige Unterstützung wäre dieses Rettungsmanöver nicht möglich gewesen. Bereits dadurch war ich ihm in tiefstem Dank verbunden. Ich freute mich darauf, ihm in Zukunft zu dienen – stets in der Nähe meiner Angebeteten. Ich küsste Sefuras schlafenden Mund und kuschelte mich eng an sie, ein Gefühl, das ich verdammt nie mehr missen wollte.

Wir waren gezwungen, mit der Rückkehr bis zum Frühjahr zu warten. Das Wetter ließ momentan keine gefahrlose Überfahrt zu. Darüber hinaus war ich es leid, noch einmal eine gefährliche Seefahrt zu wagen wie auf dem Hinweg.

Jetzt waren wir in Sicherheit. Niemand bedrohte uns mehr. Mein Bannerheer oder das, was von ihm vielleicht geblieben war, wähnte ich sicher in Bohemunds Händen.

Wir verbrachten unsere Zeit mit Jagen und Fischen, liebten lange Ausflüge in die dortigen Wälder und brannten von Tag zu Tag mehr darauf, dieses Land gen Palästina bald verlassen zu können. Auch Hugo als intimer Freund war oft unser Begleiter und plante mit uns an einer gemeinsamen, geordneten Zukunft. Auch unser Gast aus Antiochia war ein verträglicher Mensch.

Als ich allein mit Hugo an einem Bach saß, schaute er mich lange an, ehe er zu sprechen begann: »Alexander, ich freue mich für dich. Du hast die Frau deines Lebens gefunden. Ich glaube inzwischen, dass sie es wert ist, dass man durch die halbe Welt zieht, um nach ihr zu suchen. Ich bin froh, dass wir das gemeinsam geschafft haben. Das hat unsere Freundschaft gefestigt.«

Ich schloss ihn in meine Arme.

Das Frühjahr trieb uns endlich noch näher an die istrische Küste.

Es war ein wunderschöner Morgen. Die Sonne hatte ihre alte Kraft zurückgewonnen und der Wind blies die letzten Schneereste vor sich her. Einige Möwen, die sich schon bis hierher verirrt hatten, ließen mich spüren, dass das Meer nicht mehr weit war. Ihre eindringlichen Schreie gingen mir unter die Haut. Vielleicht ein Anflug von Aufbruchsstimmung.

Wir saßen bereits in unseren Sätteln und führten die Leinen der Packpferde in unseren frostigen Händen. Wir hatten uns zwei dazu kaufen müssen, um die Ausrüstung wieder gut verteilt zu bekommen.

Der Wirt, der in den letzten Tagen unseres Aufenthaltes in Istrien für eine annehmbare Unterkunft mit Verpflegung gesorgt hatte, war uns in gewachsener Vertrautheit fast freundschaftlich verbunden und hatte in unserem Auftrag eine Galeere mit eingespielter Mannschaft angeheuert, die im nahen Hafen auf uns wartete. Er stand mit trauriger Miene vor uns. Wir alle stiegen noch einmal vom Pferd, um uns von ihm zu verabschieden.

»Vielen Dank für Eure Gastfreundschaft und die überragende Küche«, sagte ich.

»Bleibt gesund.«

Lange winkten wir ihm noch nach, bis die freundliche Herberge für immer vom Horizont geschluckt wurde.

Geübte Hände verstauten schnell unser Hab und Gut mit den Pferden an Bord. Es konnte los gehen.

Unsere Galeere legte endlich ab. Die Riemen zerschnitten die Wellen in ruhigem gleichmäßigem Rhythmus. Sie nahmen uns mit ins Morgenland. Die Möwen begleiteten das Schiff lange mit ihrem aufdringlichen Gekreische. Meine Blicke gingen das letzte Mal über das raue Gestade einer Küste, die Richard zum Verhängnis geworden war.

Wir waren endlich in das Heilige Land Richtung Antiochia aufgebrochen. Eine Reise, die mich wahrhaftig glücklich machte, denn an meiner Seite befand sich der schmale Ritter, die Gesandte von Antiochia und Tripolis.

Fürst Bohemund empfing uns noch im Hafen von Antiochia in Seleukia Pieria mit allen Ehren.

Die Reste meines Bannerheeres unter Führung meines tapferen Dietrichs erwarteten uns freudig berührt in voller Rüstung. Die Fahnen meines Geschlechts flatterten hoch im Küstenwind.

Unter Fanfarenklang setzten wir unsere Füße endlich wieder auf heiligen Boden. Es war ein besonderes Gefühl. Das Gefühl, zurückgekehrt zu sein, obwohl meine wahre Heimat, meine Geburtsstätte doch im Abendland lag. Mir war bewusst, dass das allein an Sefura lag, die für mich neue Heimat geworden war. Wo sie war, da wollte ich auch sein. Man hatte mich durch Gefangenschaft und Folter gehetzt. Sie rettete mein Leben. Ich hatte diese Frau überall gesucht, war ihr an jeden Ort dieser verfluchten Welt gefolgt, hatte sie gefunden und wieder verloren. Hier war hoffentlich der Weg zu Ende. Hier sollte endlich ein zweites, besseres Leben beginnen. Ein Leben mit ihr gemeinsam, für immer an meiner Seite.

Auf unseren Pferden ritten wir Bohemund entgegen, der mit einem zufriedenen Lächeln im edlen Herrschergesicht seine Gesandte begrüßte. Unsere Herzen waren randvoll mit schönen Gefühlen, wie das Schimmern in unseren Augen zweifelsohne bestätigte.

Bohemund und wir waren von unseren Pferden gestiegen und schritten auf ihn zu. Er schaute uns an und sprach: »Edle Sefura Marjan Djafari, Gesandte von Antiochia, edler Ritter von Grüningen, ich bin unendlich erleichtert, Euch hier in Antiochia gesund begrüßen zu dürfen. Ich habe gehofft und gezweifelt. Doch mein Herzenswunsch ist in Erfüllung gegangen. Findet hier ein wenig Ruhe und werdet glücklich. Kreuzritter von Grüningen, Eure Männer freuen sich ebenso wie ich auf Euch. Sie brennen darauf, mit Euch als Befehlshaber ihren Dienst in Antiochia aufnehmen zu dürfen. Danke.«

Ich stellte mich Bohemund von Angesicht zu Angesicht gegenüber und sagte: »Edler Regent Bohemund. Mit Eurer weitsichtigen Hilfe ist es mir gelungen, diese wertvolle Frau zurück zu Euch in die Heimat zu bringen. Sie wird hier vor Ort die Aufgaben wahrnehmen, die sie als Gesandte von Antiochia im Morgenland so wertvoll und so bekannt gemacht haben. Wir danken Euch für Eure guten Wünsche.«

Dann ging mein Blick durch die Reihen meiner Männer, und ich legte zum Zeichen meiner Dankbarkeit die Faust auf mein Herz. Ihr Jubel trieb mir Tränen in die Augen.

Nachdem wir uns wieder eingelebt hatten, war der Augenblick gekommen, meine Liebe zu heiraten. Eine Vermählung mit dieser wunderschönen, anmutigen Frau. Mein guter Freund Hugo von Baysen wurde mein Trauzeuge.

Er wartete einen besonders besinnlichen Moment unserer Feier ab, um Sefura und mich nach vorne in die Runde der Hochzeitsgäste zu bitten.

Er stand tief berührt vor Sefura und mir, griff nach unseren Händen, um uns schweigend zwei lange Lederriemen an die Hand zu geben. Als ich mich verwundert umsah und in Sefuras fragende Augen blickte, öffnete sich im gleichen Moment die mächtige Tür des Ratssaales.

Zwei wunderschöne Tiere dieser außergewöhnlichen Hunderasse aus Antiochia, zwei Akbas, sprangen an uns hoch und freuten sich überschwänglich, wie es nun einmal Welpen so an sich haben.

Die unvergessliche Hochzeitsfeier fand in den Mauern Antiochias, einer Stadt mit antiker Geschichte und von großer kultureller Bedeutung statt. Einer der Outremer, der seine Entstehung und den Erhalt dem Einfluss der vielgestaltigen Heere der Kreuzritter verdankte.

Meine Ritterkameraden befanden sich zu diesem Zeitpunkt bereits wieder im Abendland. Inzwischen weit weg von mir, doch ihre Gesichter unvergessen, jedes einzelne, fest verschlossen in meinem Herzen.

Hugo von Baysen hingegen, wie auch Teile meines Bannerheeres, hatte sich entschlossen, als Militärbeauftragter in Antiochia zu bleiben. Er war eben nicht nur ein guter Mitstreiter gewesen, sondern auch ein echter, treuer Freund geworden.

Gott segne die Kreuzfahrer!

Epilog

Später, in meiner Eigenschaft als Stadtkommandant von Antiochia und Gemahl der ehemaligen Gesandten, erfuhr ich unmittelbar noch einmal aus dem Mund meines Herrschers und Dienstherrn Bohemund, dass Leopold von Österreich aus Rache für die erfahrene Demütigung, den Kreuzfahrer Richard Löwenherz auf dessen Rückreise nach England hatte gefangen nehmen lassen.

Im Einverständnis mit Kaiser Heinrich VI., dem wahren Nachfolger Barbarossas, war der englische König zwischenzeitlich in Österreich in die Festung Dürnstein bei Krems an der Donau verbracht worden.

Man hörte von einer horrenden Lösegeldforderung und später von einer Exkommunizierung Leopolds durch den Papst Coelestin III. für die vor den Kirchengesetzen ungeheuerliche Tat der Geiselnahme eines bedeutenden Kreuzfahrers.

Nachwort

Der englische König Richard I. Löwenherz wurde im Dezember 1192 auf der Burg Dürnstein bei Krems an der Donau inhaftiert. Am 6. Januar 1193 wurde der König nach Beginn der Verhandlungen über die Auslieferung dem Kaiser Heinrich VI. in Regensburg vorgeführt. Da eine Einigung nicht erzielt werden konnte, wurde er wieder nach Dürnstein gebracht.

Er blieb trotz der Gefangenschaft handlungsfähig und konnte Rechtsdokumente ausfertigen. Heinrich und Leopold besiegelten am 14. Februar 1193 in Würzburg eine Einigung über die Freilassungsbedingungen, wonach 100.000 Mark reines Silber (etwa 23,4 Tonnen Silber – so sollen erstmals im großen Ausmaß Sterlinge auf dem europäischen Kontinent in Umlauf gekommen sein –) je zur Hälfte für sie als Lösegeld festgelegt wurde. Außerdem hatte Richard für 50.000 Mark Geiseln zu stellen. Insgesamt das dreifache Jahreseinkommen der englischen Krone und das höchste Lösegeld, das bisher für eine einzelne Person bezahlt werden musste, nahezu ein Ruin für Richards Bevölkerung. Am 4. Februar 1194 wurde er endgültig, gegen den ausdrücklichen Willen seines Bruders Johann Ohneland und des französischen Königs Phillip II., auf dem Hoftag in Mainz aus der Haft entlassen und seiner Mutter Eleonore von Aquitanien übergeben. Die Lösegeldzahlung bedeutete für Leopold V. die Wiederherstellung seiner auf dem Kreuzzug durch Richard verletzten Ehre. Damit wurde die Erweiterung der Residenzstadt Wien finanziert und die Wiener Neustadt und Friedberg gegründet.

Leopold V. erhielt durch Heinrich VI. in Erinnerung an die blutige Auseinandersetzung von Akkon das Recht, nach Verlust seines Banners, vermutlich ein schwarzer Panther auf silbernem Grund, die sichtbaren rot-weißen Streifen auf seinem Waffenrock als neues Banner zu tragen, wie man es bis heute an der Flagge von Österreich erkennen kann.

Richard war ein Phänomen, von 1189 bis 1199 de facto auf dem englischen Thron, sah er das Land, dessen Krone er trug, vielleicht ganze sechs Monate. Er ging als Ideal eines ritterlichen Herrschers in die Geschichte ein und war, neben dem deutschen Kaiser Barbarossa, wohl der bekannteste König des europäischen Hochmittelalters. Historische Forschungen kommen aber auch zu dem Schluss, dass König Richard I. von England, Löwenherz genannt, eine umstrittene und schwierige Persönlichkeit gewesen sein muss, erfolglos, mordlustig und ein Bankrotteur. Davon abgesehen, wurde er auch dank Hollywood zum bekanntesten und beliebtesten Ritter des Hochmittelalters.

Über den Autor

Geboren 1947 in Hagen/Westfalen als Sohn eines Architekten war er Internatszögling mit Musketierausbildung in Reiten und Fechten.

Nach dem Architekturstudium in München nahm er ein Jahr Schauspielunterricht im Schauspielstudio Gmelin/München.

Es folgte ein Jurastudium in München und Münster.

Es folgten die Zulassung zur Rechtsanwaltschaft beim Amts- und Landgericht Hagen, sowie die Zulassung zum Notariat beim Oberlandesgericht Hamm.

Bis zu seinem vierzigsten Lebensjahr war er leidenschaftlicher Fußballer.

Paul Rainer Zernikow ist verheiratet und hat zwei Kinder.

Mit dem Buch: »Der Hornist« schrieb der Autor seinen ersten Roman.

Davor erschienen neben diversen Sachbeiträgen unter dem Synonym Bernwart Payr das Sachbuch: »Ich war ein Abmahnterrorist« und anlässlich seines sechzigsten Geburtstages seine Biografie: »60 Jahre eines unbekannten Promis, unpolitische Lebensjahre eines 68ers« - die wilde Gedankenwelt der sechziger Jahre.